恒久而不绝的信念和爱，就是一粒坚韧的种子。

吉光片羽 编著

减压

365日枕边心灵抚慰迷人小句

江西美术出版社
全国百佳出版单位

图书在版编目（CIP）数据

减压：365日枕边心灵抚慰迷人小句 / 吉光片羽编著. -- 南昌：江西美术出版社，2022.9（2023.8 重印）
ISBN 978-7-5480-8701-4

Ⅰ. ①减… Ⅱ. ①吉… Ⅲ. ①人生哲学－通俗读物
Ⅳ. ① B821-49

中国版本图书馆 CIP 数据核字（2022）第 126371 号

出品人：刘　芳
企　　划：北京江美长风文化传播有限公司
责任编辑：楚天顺　朱鲁巍　　策划编辑：朱鲁巍
责任印制：谭　勋　　封面设计：冬　凡

减压：365日枕边心灵抚慰迷人小句
JIANYA：365 RI ZHENBIAN XINLING FUWEI MIREN XIAOJU
吉光片羽 编著

出　　版：江西美术出版社
地　　址：江西省南昌市子安路 66 号
网　　址：www.jxfinearts.com
电子信箱：jxms163@163.com
电　　话：010-82093785　　0791-86566274
发　　行：010-88893001
邮　　编：330025
经　　销：全国新华书店
印　　刷：三河市众誉天成印务有限公司
版　　次：2022 年 9 月第 1 版
印　　次：2023 年 8 月第 2 次印刷
开　　本：880mm × 1230mm　1/32
印　　张：8
ISBN 978-7-5480-8701-4
定　　价：38.00 元

序

人生需要疗愈

法国哲学家加缪常告诉自己："要生活到泫然欲泣"。这并非多愁善感，而是一种"看透生活的本质后，依然热爱生活"的勇气。

在《倚天屠龙记》原著里，有这样的一段：

张无忌和小昭被困光明顶密道，使尽各种解数仍找不到出口，两人相对无奈。然而小昭忽然破涕为笑，说道："咱们既然出不去了，发愁也没用。我唱个小曲儿给你听，好不好？"张无忌实在没心情听什么小曲，但也不忍拂她之意，微笑道："好啊！"小昭坐在他身边，唱了起来：

世情推物理，人生贵适意，想人间造物搬兴废。

吉藏凶，凶藏吉，富贵哪能长富贵？

日盈昃，月满亏蚀。

地下东南，天高西北，天地尚无完体。

是啊，天残地缺，才是世界本来的样貌。此曲辞意豁达，显然出自一位饱经忧患、看破了世情之人之手。这和小昭的如花年华殊不相称。小昭也称是从别处听来的，接着唱道：

展放愁眉，休争闲气。

今日容颜，老于昨日。

古往今来，尽须如此。

管他贤的愚的，贫的和富的。

到头这一身，难逃那一日。

张无忌年纪虽轻，却也历尽人世艰辛。咀嚼曲中“到头这一身，难逃那一日”这两句，不禁魂为之销，泫然欲泣。

受用了一朝，一朝便宜。

百岁光阴，七十者稀。

急急流年，滔滔逝水。

当小昭鼓励张无忌练习“乾坤大挪移”时，再次低声唱道：

受用了一朝，一朝便宜。

便练一朝，也是好的。

不可不谓是一首“治愈系”的绝妙好词。二人也最终凭借此种精神的慰藉，熬过凶险，渡过难关。

其实，这首小曲儿名叫《双调·乔牌儿》，作者乃是大名鼎鼎的关汉卿。电视剧《倚天屠龙记》片尾曲《俩俩相忘》歌词所取意象，也是来自这一段。

人生在世，难免遇到险阻，所以我们要经常作自我疗愈，用文字的力量来慰藉心灵——

优化自己的心理模式，修复童年创伤；

正面肯定自我，告别潜意识里的自惭形秽；

积极调整心态，改变负面的认知模式；

改善人际关系，发展长久稳定的良好关系；

活出意义，对抗生活中的虚无感。

或许，人生就是一段不断自我疗愈的过程。正如加缪所言："重要的不是治愈，而是带着病痛活下去。"

本书所选编的文字，或犀利，或温暖，但无一例外都直指人心。爱自己，疗愈自己，这是一本生命自我疗愈之书。愿它能治愈每一个孤独的灵魂，解答每一个失魂落魄的心灵，让无力者有力，让悲观者前行。

为了能让大家更好地理解这些经典话语，书中对部分文字进行了诠释，让我们走入文字之乡，进行一场自我疗愈吧。

目录

一月如期而至，万事皆可胜意。

1.1

凡是过往，皆为序章。

——[英国] 威廉 · 莎士比亚

1.2

只有当你有余暇时，你才能够学习。但是，当大脑或者心灵被占据得满满的时候，你就没有余暇，所以你从未学到任何新东西。没有新鲜空气进来，所以压力对大脑造成的损害越来越严重。这是冥想的问题之一——意识能否摆脱所有压力，而那意味着要有一颗自由的心。

——[印度] 吉杜 · 克里希那穆提

1.3

被接纳的悲伤是一股能量。

——武志红

情绪，其实是我们的内心守护者。在心理学中，有一个概念叫作“哀伤过程”，它详细描述了人们在面对失去所爱之人或物时所经历的五个阶段：否认、愤怒、周旋、抑郁和接受。通过经历这五个阶段，人们可以逐渐接受并处理他们的悲伤情绪，从而恢复并继续生活。诚然，每个人的哀伤过程都是独特的，有些人可能会在某个阶段停留更久，或者经历其他一些情绪反应。然而，接纳悲伤，允许自己感受这种情绪，是我们了解自己、获得内心平静的关键所在。悲伤，就像一条小路，引领我们走向“爱人的能力”。

1.4

要你缄默、否定你权益的人，不算朋友。

——[美国]爱丽斯·渥克

无需借助物质的馈赠来寻求朋友，而是应当投入真诚的情感，并学会用恰当的方式去赢得别人的心。同样，不要以牺牲自己的立场或者自身权益的方式来获取友谊。人是变幻无常的，友情也会随着时间的流逝而不断变化。真正的朋友能够适应这种改变，并且愿意与朋友一起探讨和调整彼此的关系。

1.5

我们所感觉到的疲劳，绝大部分是由心理因素的影响而导致的，纯粹由生理因素引起的疲劳其实非常少见。

——[美国]戴尔·卡耐基

1.6

天晴长叶子，下雨长树根。

——[日本]福岛正伸

在一位日本畅销书作家的自传中，他透露说自己从小就对父亲的唠叨深感苦恼。父亲对他要求极其严格，每天都要他去学习。初中的时候，即便是在周末，他也不能离开家去和朋友们玩耍，而是必须在家里学习八个小时。对于一个初中生来说，这样的要求无疑是苛刻的。到了大学时代，他甚至开始对父亲感到憎恶。他认为父亲过于严格，让他无法与朋友尽情玩耍，而只能埋头学习。这使得他个性沉闷，甚至在恋爱方面遇到了困难。

然而，随着时间的推移，他逐渐理解了父亲的良苦用心。正是由于父亲的督促，他才具备了极强的反复操练能力、持续力和忍耐力。因为即便是最令他讨厌的功课，他也能坚持每天学习八个小时。当面对自己喜欢的事情时，他更是能够长久地保持专注。

通过这段经历，他深刻地认识到：父亲的唠叨并非毫无意义，而是培养了他一种宝贵的品质——专注力。他感激父亲在他成长过程中所付出的辛勤努力，这使他在未来的生活和事业中受益无穷。

1.7

与其诅咒黑暗，不如点起一支蜡烛。

——[美国]安娜·路易斯·斯特朗

与其抱怨别人，不如改变自己。你自己改变了，也可能一切就会改观。因为，抱怨只是一种情绪的发泄，于事无补。我们可以有效摆脱这种处境的行为，就是做我们自己该做的事，以合乎理性的行动改变事情的走向。

1.8

真正令人满意的幸福总是伴随着充分发挥自身的才能来改变世界。

——[英国]伯特兰·阿瑟·威廉·罗素

在探索最具意义的生活方式时，我们必须明白，它不仅要满足我们的基本需求，还要充分挖掘我们内在的潜力。一头奶牛可以在牧场中安享它的一生；然而，人类却不能仅仅满足于基本的生存需求。我们的内在力量驱使我们去追求更多，去充分挖掘我们的潜力。

当然，这并不意味着只有成为总统或首相才能找到真正的幸福，或者只有成为亿万富翁才能体验到生活的乐趣。成为总统或亿万富翁仅仅是潜力的一种外在体现。就人生意义而言，我们需要强调的是潜力的内在标准。一个有潜力成为总统的人也许乐于成为一名古代梵语研究者；一个具备成为亿万富翁潜力的人也许乐意成为一名记者。只要他们从内心感受到工作的挑战性，感到自己的潜力得到了充分发挥，那就是对他们而言最有意义的生活方式。

在人生的旅途中，我们必须遵循内心的指引，去追寻那些能让我们的潜力得到充分发挥的事情，无论它们以何种形式展现。只有这样，生活才能给我们带来真正的满足和幸福。

1.9

爱情从来不会阻止一个男人去追寻天命。如果阻止，定因为那不是真正的爱情，不是用宇宙语言表达的爱情。

——[巴西]保罗·科埃略

爱情要体验，不要观察。爱情很奇特，其中既充满忧虑又充满希望，而这一切或许正是为幸福而存在。这样确实令爱情更刺激、更亢奋，但是，到最后不尽然能改善情感关系。任爱情自由发展，不指挥、不摆弄，单纯地欣赏爱情，是多么困难啊！我们忙着担心爱情能否持久，却忘了滋养爱情。担忧爱情意味着我们从情感上、心理上，甚至从精神上都被抽离出来，在旁冷眼观察，这样当然也戕害了爱情。

1.10

我们总想在别人那里得到启蒙，而无法靠自己去觉察和理解。如果某个开悟的人能满足我们的需求，我们就接受他。……因此，大部分人所渴望的只是不同层次的满足罢了。须知，没有任何一个权威能够让你认识自己，缺乏自我认识，你是不可能解除无明和痛苦的。

——[印度]吉杜·克里希那穆提

1.11

充分的准备和预演将减少 75% 的恐惧。深呼吸又会减少 15% 的恐惧，而剩余的 10% 可以通过精神上的准备来战胜它。

——[美国]莉莉·沃尔特

在生活中，我们都会经历各种各样的恐惧。恐惧是一种自然的生理反应，它提醒我们要为某些事情做好准备，或者逃避某些危险。然而，成功的人和失败的人对待恐惧的态度却不同。成功的人能够坦然面对恐惧，他们能深深地挖掘内心恐惧的源头，理解它，然后克服它。他们明白，面对恐惧，逃避并不是解决问题的办法。他们选择面对，接受挑战，用行动去应对恐惧。

当心理学家询问一些年长的市民对自己过去的生活有什么遗憾时，绝大多数人的回答是：他们一直都没有去做他们最想做的事情。那些尚未尝试的冒险，那些未能追求的梦想，成了他们心中深深的遗憾。当问及原因时，人们的回答多是“害怕失败”。可见，人们大都被恐惧束缚了手脚。

静思前路，才知道，我们必须深入挖掘自己内心最害怕的东西，直面它，理解它，战胜它，进而超越它。因为只有这样，我们才能真正地建立起自信，最终去实现我们的梦想。

1.12

安静地听，太多的声音，总会在你不思索什么，不分辨什么的时候才听得到。人的本能，在很多的时候屏蔽掉很多你大脑不愿意听到的声音。身体如此，我们在人世上也如此。同样的，太多的美丽，总是在你不在意自己的境况时才被发现。于是，你的头脑，其实一直在制约你得到真实美丽的东西。什么都不想，什么都不在意时，美丽细微的一切才慢慢浮现。

——[印度] 吉杜 · 克里希那穆提

1.13

如果你追问真相，你就会认清恐惧不是爱，依赖不是爱，嫉妒不是爱，占有控制不是爱，责任义务不是爱，自叹自怜不是爱，不被人爱的痛苦不是爱。爱不是恨的另外一面，正如谦卑不是虚荣的反面一样。如果你能毫不强制地，就像雨水洗去绿叶上的积尘一般除净那些假象，也许你会突然见到那朵人们所渴望的奇葩。

——[印度] 吉杜 · 克里希那穆提

1.14

只有不懂得关怀别人的人，其生活才会面临真正的痛苦，甚至伤及他人。人类之所以充满失败，正是由这些人所造成的。

——[奥地利]爱佛瑞·艾德纳

1.15

人生如一间客房，每天早上都会有新的客人光临。喜悦、沮丧抑或卑鄙，或是灵光一闪的顿悟，都是你不曾预料的稀客。

“欢迎光临！希望您玩得开心！”即便是哀伤成群而至，乖戾地扫荡了你的屋子，毁坏了你的每一个家具，还是请对你的每一个客人充满敬意。它将你的一切一扫而光，也许是为了给你腾出地方迎接新的快乐。黑暗的想法、虚伪、恶念，请在门口微笑着迎接它们的到来、邀请它们进门。对它们每一个的到来充满感激。

——[古波斯]莫拉维·贾拉鲁丁·鲁米

1.16

我思故我在。

——[法国] 勒内 · 笛卡尔

思想是一种能量，你可以凭思考改造世界或毁灭世界。思想又是一种了不起的天赋。除了理性和逻辑，还有直觉、真诚及灵性的制衡。

1.17

女奚不曰，其为人也，发愤忘食，乐以忘忧，不知老之将至云尔。

——春秋 · 孔子

叶公（就是“叶公好龙”故事中的那位叶公）向子路打听孔子的为人：孔子是一个什么样的人？

子路没有答复他。子路认为，自己的老师孔子是很伟大的人，真的让人不知从何说起。就算是说了，像叶公这样浮华不实的人，也未必能理解。

但是，叶公走了以后，子路就去报告老师。孔子说：“你何不告诉他，我是一个为了发愤求学问，常常穷得没饭吃，连自己肚子饿了，都无所知，而忘了人是必须吃饭的；当学问上有所获益，就快乐得忘记了忧愁，根本忽略了衰老的威胁。”孔子这种“发愤忘食，乐以忘忧，不知老之将至”的活法，可以跨越历史的时空，成为我们的精神力量。

1.18

书册埋头无了日，不如抛却去寻春。

——宋·朱熹

我们总是马不停蹄地奔波，忙得晕头转向，无法察觉到自己的匆匆行色。现代人似乎已经将忙碌的状态与个人的尊严紧密相连，认为如果不忙，便意味着价值的匮乏。为此，人们甚至会故意找些无关紧要的事情来填补空闲。

宋代理学家朱熹就劝诫人们：别急于前行，可暂时停下脚步，欣赏一下周围美丽的风景，感受自然的静美与伟大。

1.19

每天写下至少五件值得感恩的事。

——[美国]罗伯特·埃蒙斯

研究显示，那些每天习惯记录五件值得自己感恩事情的人们，身体更为健康，内心更为幸福。每晚入睡前，写下五件让你感恩且快乐的事情，无论大小，如美食、与好友的畅谈、日常工作任务的完成或是某个有趣的想法，你都可以尝试记录下来。

尽管在日常生活中，某些事情可能会被重复记录，但这并无大碍。关键在于，每次记录这些事情的时候，你要重新体验当时的感受。当感恩成为一种习惯，我们就会更加珍惜生活中的美好时刻，而不会把它们视为理所当然。

这个练习不仅可以独自完成，也可以与所爱的人一起完成。例如爱人、子女、父母或兄弟姐妹，共同表达对生活的感恩，这不仅可以让彼此的身心更健康，也会让彼此的关系更和谐、亲密。

1.20

愿上帝赐予我平静，能接纳我无法改变的事；愿上帝赐予我勇气，能改变我可以改变的事；并赐予我智慧，让我能分辨这两者的不同。

——[美国]尼布尔

忧虑者们总是被各种“万一……会怎么样”的假设所困扰。我们总是在脑海中不断排演着各种可能的场景，想象着自己如何应对，他人又如何反应，然而最终却发现我们的假设和预测往往并不准确，白白地忧虑了一场。

1.21

我把担忧当成事前准备或计划，到时定能派上用场。

——佚名

1.22

愿你此生尽兴，不舍爱与自由。

——[日本]濑户内寂听

纪伯伦说：爱不占有，也不被占有。因为爱有了自己就足够了。

心理学家埃里希·弗洛姆说："不成熟的爱是——因为我需要你，所以我爱你；成熟的爱是——因为我爱你，所以我需要你。"

爱情若是将全副精神投注在对方身上，也会吃苦头。在一段亲密关系里，相对的自由就显得十分重要。就像一个老掉牙的比喻：亲密关系，就像手里的沙子，你越想把它紧紧攥到手心里，它就流失得越快。因此，适当处理自己的控制欲，让两人之间的爱意充满尊重和灵动。害怕的时候不妨内省，探索内心，想透彻之后再和心爱的人分享。

1.23

我并不认为对所有的事情都应该改变想法，怪罪到他人身上。只有在一种情况下应该这样做：在抑郁的时候。抑郁的人常常把不是他的错也揽到自己身上，他们常去负不需要负的责任。

——[美国]马丁·塞利格曼

1.24

若左手布施，勿令右手觉。

——唐·景净

佛陀曾这样引导初学者修持布施：“如果你是一个极其吝啬的人，就先把右手的东西布施给左手，左手的东西再布施给右手。”善是日常生活，是发现别人穿了新衣，关怀他人的痛苦，注意别人的不诚实。善是温柔，令爱成为持久的过程，而非心血来潮偶尔为之。善是平静不声张，善持续发光，并不稍纵即逝。善良不需要回报，因为善良本身就是回报。

1.25

生命中最重要的一件事就是不要把你的收入拿来算作资本。任何一个傻子都会这样做，但真正重要的事是要从你的损失里去获利。这就需要有才智才行，而这一点也正是一个聪明人和傻子之间的区别。

——[美国]威廉·波里索

美国弗吉尼亚州的一个农夫，出巨资买下了一片农场之后突然发现自己上当了，因为这块地不能种水果，也不能养猪。这里生长的只有白杨树和响尾蛇。在一番痛苦和后悔之后，他想到了一个很好的主意，他要把这块农场的价值利用起来——那些响尾蛇是关键。他的做法令每个人都很吃惊，因为他开始做响尾蛇罐头。几年之后，他的生意规模上去了，到他农场来参观的高达几万人次。他取出响尾蛇的蛇毒，送到各大药厂去做蛇毒的血清，把响尾蛇的皮以高价卖给厂家做鞋子和皮包，把响尾蛇的肉做成蛇肉罐头销售。由于他独到的眼光和天才般的智慧，他所在的村子现在已经成为有名的响尾蛇村。

1.26

要真正体验生命，你必须站在生命之上！为此要学会向高处攀登！为此要学会——俯视下方！

——[德国]弗里德里希·威廉·尼采

人生中的经历本身并非最重要的，重要的是这些经历所带给我们的感受和启示。唯有通过亲身体验，我们才能真正领悟人生的真谛，而这种体验是无法仅靠沉思默想来获得的。

人生宛如一幅徐徐展开的画卷，随着我们不断前行，我们将看到更多的风景，也会获得更多的领悟。这些领悟将成为我们人生旅途中的宝贵财富，帮助我们更好地理解自己和世界。

1.27

生命并不长，别再赶时间了。

——[美国]亨利·戴维·梭罗

寻找幸福是每个人内心的渴望。然而，幸福其实就隐藏在我们生活中的某个角落，默默等待着我们去发现。因此，要想增强幸福感，就要去尝试、汲取经验，同时关注内在的感受。然而，现实的喧嚣和忙碌让我们忘记与内心深入交流。我们终日快马加鞭地奔波着，疲于应对生活的艰辛，却忘了给自己足够的空间去创造真正的幸福。

现在，让我们停下脚步，花一些时间与内心对话，向自己提问：我所做的事情对我的人生有何意义？它们能给我带来快乐和满足吗？我的内心是否鼓励我尝试新事物？它是否在提醒我要改变目前的生活？

在这个过程中，我们需要倾听内心的声音，这声音既包括我们的情感，也包括我们的理智。倾听内心的声音，我们才能更好地理解自己，找到真正属于自己的幸福。

1.28

与全然体验当下相比，我们更多的是在“提前抹黑期望”。

——[美国]高尔韦·金内尔

禅宗中有一句很知名的禅语，叫作“活在当下”。这句话可借用一个故事来说明。《传灯录》中讲道：会元和尚师徒二人赶路，到一条河边看见一女子待渡，无船无桥，老和尚二话没说就背女子渡过河去。回到寺庙，小和尚忍不住问老和尚：“出家人禁近女色，师父为何要背那女子？”老和尚正色道：“我早就放下了那女子，你怎么还背着？”

正如艾米莉·狄金森所说：永恒是由无数个当下形成的。

在短暂的生命里，我们经常会被“如果……将会怎样”的问题所困扰，而不是享受“现在式”，即平静、真实的当下。

1.29

你没兴趣的东西引不起你的兴致。

——[美国]海伦·麦金妮丝

人的追求和选择，无外乎两种动机：热爱或恐惧。这两种动机，都会让这个人向前跑。但是，这个人的感受却大大不同。

正如《与神对话》里所说：“人类的每个念头及行为，都是建立在爱或恐惧上的。它们是原始的力量，是推动人类经验之引擎的天然力量。而所有其他的概念都只不过是这两样的衍生物。它们只不过是不同的版本——同样主题的不同变形。”

1.30

不识庐山真面目，只缘身在此山中。

——宋·苏轼

要学会“跳出自己看自己”。有个心理学家曾做过这样一个实验：

受过严重心理创伤的人，比如同样曾与父母在关系上遭受过心理创伤，已经走出心理阴影和还未走出心理阴影的人，在认识上有什么差异呢？心理学家就此展开调查，发现那些已经走出阴影的人在记忆里会出现“父母”和“我”。而那些还未走出来的人在记忆里就只会出现“父母”，没有自己。

这意味着，已经走出来的人，能够客观地看待自己。否则，就意味着心理创伤还在。

因此，从能够客观看待自己的这个视角出发，才能够找到治愈自己的力量。不妨试着把自己的人生当成一部电影，坐在观众席上冷静地欣赏。应对负面情绪，我们从根本上要做的，就是努力做到客观地看待自己。

1.31

到达目的地当然好，然而过程才是最重要的。

——[美国]厄休拉·K.勒古恩

米哈伊·西卡森特米哈伊（Mihalyi Csikszentmihalyi）毕生致力于研究高峰体验和巅峰表现。他曾说过：“人类最好的时刻，通常是在追求某一目标的过程中，把自身实力发挥得淋漓尽致之时。”享乐主义者的生活完全没有挑战，不可能获得幸福。

我们对于自己制定的目标，以及所付出的努力是可以控制的。然而，结果是否成功却不是我们可以控制的。因此，我们应该放下对结果的控制权，更多地关注过程。

冬日待尽，二月的美好正在赶来。

2.1

万物皆有裂痕，那是光照进来的地方。

——[加拿大]莱昂纳德·科恩

承认并最终接纳自己的不完美，唯有如此，才能将自己从阴影中解放出来，并置之于阳光之下。此时，这些负面特质会失去力量，无法再喷涌而出，因而也就不会再给我们造成始料未及的麻烦。当我们承认和接纳所谓的负面特质时，它们就无法再吞噬我们的灵魂，无法让我们自我评判。

2.2

人一旦开始说谎，就很难不继续下去。

——[法国]马克·李维

心理学家研究发现，真诚、坦荡的人可以获得更良好的身体指标，更坦然淡定的心态，更通透高频的能量。说真话也能使我们的精力获得蓄积，因为不必花气力圆谎。正如格拉宁所言：虚伪不可能创造任何东西，因为虚伪本身什么也不是。正如培根所言：虚伪的人为智者所轻蔑，为愚者所叹服，为阿谀者所崇拜，而为自己的虚荣所奴役。

2.3

假如时光已逝，

鸟儿不再歌唱，

风儿也吹倦了，

那就用黑暗的厚幕把我盖上，

如同黄昏时节你用睡眠的衾被裹住大地，

又轻轻合上睡莲的花瓣。

路途未完，行囊已空，

衣裳破裂污损，人已精疲力竭。

你驱散了旅客的羞愧和困窘，

使他在你仁慈的夜幕下，

如花朵般焕发生机。

在你慈爱的夜幕下苏醒。

——[印度]拉宾德拉纳特·泰戈尔

2.4

好的姿态可以反映出好的心境。

——[日本]植芝盛平

你的姿态犹如一面明镜，时刻反映着你内在的信心和能量。当你肩膀下垂、步履沉重并低头走进房间时，别人看到的是一幅缺乏自信、消沉倦怠的肖像画，显得拘谨而不自信。然而，当你挺直脊背、抬起头颅，大步流星地走进房间时，你就如钻石一般璀璨夺目，闪耀着自信和活力的光芒，散发出迷人的魅力。

这种转变不仅仅在于外在形象的改变，更在于内在的自我肯定和激励。它是一种无声的语言，是一种自我肯定的力量，如同春日的阳光般温暖着你的内心，赋予你迈出自信步伐和展现积极向上姿态的勇气。

2.5

未长夜痛哭者，不足以语人生。

——[德国]约翰·沃尔夫冈·冯·歌德

人生的至暗时刻，如同一座深不见底的峡谷，充斥着无尽的痛苦与磨难。然而，对于那些内心强大的人来说，这往往是涅槃重生的预兆，预示着破茧成蝶的美丽蜕变。

2.6

欲速则不达。

——春秋·孔子

一位农夫在土地上种下了两颗种子，这两个充满生机的小生命，迅速发芽生长，不久便长成了两棵大小相仿的树苗，仿佛蕴含着无限可能。

其中一棵树，从萌芽的那一刻起，就抱定了参天之志，它的枝干劲直向上，毫不畏难。它从地下汲取养分，储藏在每一个细胞、每一个组织中，以此滋养身躯，志在云天。因此，在最初的几年，它并未开花结果，这使得农夫有所不满。而另一棵树，同样扎根土壤，它也努力吸取养分，不过却更早地把花朵挂满枝头，实现了开花结果的愿望，这让农夫倍感欣赏，常常对其浇灌呵护。

时光荏苒，那棵久未开花的大树日渐根深叶茂，终于开出了繁花，结出了硕果，果实大而甜美，农夫收获了满满的喜悦。然而，那棵过早开花的树，由于在尚未成熟之时便承担了开花结果的重任，其果实苦涩难吃，无人喜爱。同时，它的枝干还因承受不了果实的重量而弯曲变形。老农望着它，惋惜地叹了口气，最后将它砍倒，付之一炬。

这个故事告诉我们，急于求成的心态只会造成过早的失败。因此，我们应该学会在默默无闻中积累，重视自身能力的提升。只有当我们准备充足，厚积薄发，才能在机遇到来时一飞冲天，最终达成目标。

2.7

时也，命也。慎始，善终。尽人事，听天命。

——春秋·孔子

自然、社会皆有其规律，而这其中的可变因素又太多，结果往往无法预测。不必过分乐观，更不必过分悲观，只需长存“达观”之心，“尽人事以听天命”。曾否遇到过不速之客上门，冰箱和橱柜看似空空，但仍做出一顿佳肴？人生有时就像几乎空空如也的冰箱。我们太习于索取，期待越多越好，忘记了天赋资源。农谚云：老天爷饿不死瞎家雀。就算是古代的君王所罗门极荣华的时候，他所穿戴的还不如一朵野百合呢。诚如柏特·怀特所言：我们注定以天赋为生，而非以攫取为生。

2.8

平静中享用的硬饼皮，远胜焦虑中享用大餐。

——［古希腊］伊索

如果你在生活的泥沼中感到迷茫和焦虑，不如停下脚步，扪心自问：你是否允许自己拥有片刻的宁静时光？你是否愿意放下追求刺激的欲望，去寻找内心的一片宁静之地？当你从大自然的天籁之声中汲取宁静时，你会渐渐感到体内的能量在重新汇聚，你的心灵也在焕发出勃勃生机。

2.9

自由不是你想做什么就能做什么，而是你不想做什么就可以不做什么。

——［德国］伊曼努尔·康德

我们最大的敌人往往就是我们自己。很多人对自己十分严苛，他们坚信这种紧绷的状态是迈向成功的必由之路。他们为了赚更多的钱，让生活更加充实，不断鞭策自己前进。然而，这种方式往往与他们真正追求的生活目标背道而驰，这实际上是一种自我毁灭。

要知道，人的能力是有限的。我们不能过于苛求自己，超越自己的能力去完成某些工作。这样只会让自己身心俱疲，甚至可能让自己陷入绝望的境地。因此，了解自己的能力范围，知道什么时候可以放松一下，适度休息，是非常重要的。只有这样，才能更好地面对生活的挑战，拥抱属于自己的充实感和价值感。

2.10

生命在云端，生命伟大、辽阔、深奥、崇高。（解读征兆者能预知降雨和丰年，或警示灾难将至）

——夏威夷谚语

大自然是最好的疗愈场，心理学家荣格说：“我吸收的，进入了灵魂我所认识的部分；我拒绝的，就进入了我并不认识的部分。我自己会做我吸收的，我拒绝的却会对我起作用。”不妨带着内心古老的创伤和强烈的亲近自然的渴望，去旅行、去体验大自然的神奇力量。运用所有感官去搜集世界的资讯，所收获的该有多丰饶！

2.11

以责人之心责己，则寡过；以恕己之心恕人，则全交。

——北宋·林逋

史蒂芬·柯维博士在列车上看到有两个小朋友吵嚷奔跑。于是，柯维走到孩子父亲的身旁，对他说：“孩子们在吵闹，请稍微管教一下。”孩子的父亲一下子抬起了头：“啊，不好意思。是啊，必须管教才是！”他非常不好意思地道了歉。接着又继续说道，“不好意思。虽然我必须管教一下孩子——但今天我的妻子刚刚离世。我还不知道怎么跟孩子说他们的妈妈已经去世了。我刚才一直在想怎么开口。”听完这番话，柯维博士对人生有了全新的领悟。

2.12

一切都会过去的。

——[美国]埃拉·惠勒·威尔科克斯

从前，有一个国王，他想找到一句金玉良言，让高兴的人听了难过，让难过的人听了高兴。

他苦寻了很长时间都没有找到。直到有一天夜里，他梦见智者对他说了一句话，正是自己想找的。

这句史上最神奇的话就是：一切都会过去的！

我们的生活难免有伤心和痛苦的时刻。就算是世上最幸福的人，也有经历忧伤、失望、愤怒及悲痛的时候。幸福的人和不幸福的人之间的差别，并不在于他们是否会经历痛苦，而在于他们如何面对及诠释这些痛苦。不幸福的人往往认为痛苦的情绪是永久性的，在这种观点下，痛苦的情绪就会持续下去。相比之下，幸福的人知道，痛苦的情绪和所有情绪一样，只是暂时的，并且这种认知能够帮助他们从不愉快的体验中走出来。

当我们选择将痛苦的情绪如实地诠释时——它们是暂时的、终会消失的，我们才会自然地接受这个过程。同所有情绪一样，痛苦的情绪会自然地出现，也会自然地离开。

2.13

友谊使欢乐倍增，悲痛锐减。

——[英国]弗朗西斯·培根

人的本质，是一切社会关系的总和。友谊，是人们获得幸福感的必要需求。把你的痛苦告诉给挚友，痛苦就会减掉一半；把快乐与你的挚友分享，快乐就会加倍。友谊的作用就是这么神奇。

幸福感的第一要素不是金钱或声望，也不是成功或荣誉，而是与我们关心的人和关心我们的人相处。然而，在追求丰功伟业的过程中，我们往往会对他们习以为常，忘记了感激和欣赏，我们通常只有在失去亲友和经受病痛、遭受极大的挫折或是在悲剧发生时，才会明白什么是人生中真正重要的。但我们真的需要等到不幸降临时，才能真正重视我们所爱的人吗？

如果我们能够花时间享受这些亲密关系，那么我们不但会变得更幸福，而且能获得更多的力量，克服一切艰难险阻。

人生的精华与核心就在于开怀大笑、与好友畅谈以及和家人相伴的每时每刻。

2.14 情人节

井底点灯深烛伊，共郎长行莫围棋。

玲珑骰子安红豆，入骨相思知不知？

——唐·温庭筠

晚唐诗人温庭筠的这首《杨柳枝》，被收录在《花间集》中，列于首位。

“长行”与“围棋”是两种博弈游戏的名称，这里用作谐音双，是用“长行”这种博弈游戏的名称来双关“长途旅行”，又用“围棋”这种游戏来双关“违期”，叮嘱不要违误归期。红豆又叫相思豆，而博弈用的骰子为骨制。玲珑骰子上的数字“一点”这一面，安放一颗红豆。以骰子安红豆来比喻入骨相思，纯用寻常事物作比喻，设想机巧，别开生面。这种双关修辞手法，用得巧妙，别有情致，但寓意深刻。

2.15

下雨的日子，和雨结伴；起风的日子，与风同行。

——[日本]相田光男

有一天，云门禅师召集所有弟子，对他们说：“十五日以前的事情我暂时不问你们了，十五日以后的情况会怎么样？请每个人简单地阐述一下。”

弟子们互相看了看，都在思考如何回答。正当他们感到困惑时，云门禅师点拨道：“日日是好日。”

弟子们听了，更加困惑，不明白师父的意思。他们认为，在平常的日子里，大概是三天下雨，两天刮风，另外两天则是晴转多云的。怎么可能每一天都是好日子呢？

然而，云门禅师摇了摇头走了，留下弟子们慢慢用心体悟其中的禅意。

云门禅师的点拨不仅是一种禅者境界，更是一种生活态度。每一天都是一个新的开始，每一次的挑战都伴随着前进的机遇。我们应该珍惜每一天，用心感受生命中的每一个瞬间，发现其中的美好。

2.16

人生，只有回不去的过去，没有过不去的当下。

——佚名

很多忧虑不但于事无补，反而阻碍我们处理当下的事务。我们“不要为明天忧虑，因为明天自有明天的忧虑；一天的难处一天当就够了”。下面这两则金句肯定能抚慰忧虑者的心灵：

第一，切莫制造危机；

第二，注定要发生的危机，切莫动手防止。

2.17

永远做最好的自己，而非别人的复制品。

——[美国]朱迪·嘉兰

雕塑家米开朗基罗曾被问到他是如何创造世界上最伟大的作品《大卫》的。他的回答是，有一次，他在卡拉拉的采石场找到了一大块大理石，并且在那里看到了大卫。之后他需要做的就是去掉多余的大理石，然后大卫就这样出现了。

就像英俊的大卫原本就存在于那块大理石里一样，我们每个人的内在，也有一个“大卫”，他或许因为过去的伤害而隐藏了起来，但无论如何，他都在那里，并且渴望被我们发现，展示给全世界。

即便没有米开朗基罗的本领，我们也能发掘自己内在的美丽。想想看，过去的美好都发生在什么时候？在与他人相识的过程中，有哪几次的表现是最令你感到自豪的？曾经最好的你是什么样的？这些问题的答案可以为你提供一张蓝图，帮助你打造最理想的自己。

2.18

人生不如意十之八九。不如意是一件很棒的事情，因为会发生出乎意料的事情。

——[加拿大]露西·莫德·蒙哥马利

佛经上，把我们这个世界称为婆娑世界。婆娑，意为堪忍，也就是说这个世界的众生忍苦的能力相当强。世事总是不遂人愿，没必要过分烦恼。

越是不能得偿所愿，就越是有希望。

天命不在想去的路上，而在走过的路上。原本，人生就是如此啊！

2.19

如果有一天，有人将我剥得身无分文，丢在沙漠，只需要有一群驼队经过，不久之后我又能建立起一座商业帝国！

——[美国] 约翰·戴维森·洛克菲勒

确实，有些日子，无须努力事事如意：你发现事事易如反掌，思路畅通，神清气爽，你就是自己的幸运之星。充分利用这样的日子，一刻也不要浪费。

但是，坏运气总会存在。有些日子，事事变得不顺心，如果碰上一件不顺心的事，就认为一整天都无可取之处，那是很不明智的，反之亦然。

有句埃及谚语说：命运将一个幸运的人丢进尼罗河里，他出来的时候口中还会叼着一条鱼。命运或多或少在你掌握之中，你怎么能放弃改善命运的权力？

2.20

当工作绞尽你的脑汁，压力耗尽你的体力，就到了割舍、授权、拒绝的时候。要狠下心肠，如同清理衣柜一般。一段时间之后，丢东西就不会那么舍不得，你会发现反正不怎么需要那些东西。

——[美国] 玛莉莲·卢曼

很多人相信，求人不如求己。他们宁愿相信自己，也不相信别人。事实上，不懂得自己的局限，不懂得授权，什么事情都要亲自干，只能让自己精疲力竭。对于一个事必躬亲的人来讲，即使你让他来领导一个团队，他也忍不住亲自下场大干一场。殊不知，这样却不利于培养其他人的能力，自己也累得不行。

2.21

喜欢和讨厌是一回事，工作中的人际关系比工作内容重要得多。从我的经验来看，不喜欢工作的大多数是人际关系出了问题。对有些人而言，不管他们做什么工作，他们都讨厌工作，这也许是与人交往上出现了问题。

——[日本]中村恒子、奥田弘美

职场上最耗费元神的，很可能是人际关系。“与别人不能达成共识，别人不能理解我”，为此烦恼的人，会认为“人与人之间相互理解是理所当然的”。因此，他们对他人抱有的期待值会非常高。心理学家波尔斯则说：“我做我的事，你做你的事。我活着，并非为了回应你的期待。你是你，我是我。如果我们无法心意相通，那也无可奈何。如果我们的心意能偶尔相通，那就是最棒的事。”

2.22

世界以痛吻我，我要回报以歌。

——[印度]拉宾德拉纳特·泰戈尔

当我们遭遇劫难、不公，正常的反应是抱怨、愤怒，甚至崩溃。然而，当我们冷静下来，意识到确实无力改变这一切时，就要学会接受现实，并以一种“境由心造”的积极态度去面对与改善这种处境。

世界给我们带来了苦难和磨炼，在一些事情上我们受到了伤害。然而，我们的态度不应该是消极的，而是要以一种积极的态度去面对，依然要爱这个世界，这个世界仍然是美丽的，我们应该把这些困难作为锻炼自己并以此获得经验的机会，然后再用歌声来回应。

2.23

没有事实，只有诠释。

——[德国]弗里德里希·威廉·尼采

行为经济学家的一项研究表明，赢得铜牌的运动员实际上比银牌获得者更加开心。这一切都和运动员的参照点有关。银牌获得者想的是，如果自己能表现得更好一些，那么自己也许就能获得金牌。相反，铜牌获得者想的是，如果自己当时表现得略差一些，也许就拿不到奖牌了。这种主动调整参照点的做法，行为经济学家称之为“反事实思维”，它指人们会忽视现在的事实，而去幻想曾经的可能。

2.24

你对我的百般注解和识读，并不构成万分之一的我，却是一览无遗的你自己。

——三毛

欠缺恻隐的诚实叫作野蛮。莎士比亚曾在《雅典的泰门》一书中，借助一位出场人物之口道：“人都有缺点，为人正直也是缺点之一。”这里所谓的正直，乃是不合时宜地直言。

2.25

快乐就是健康的身体加上愉快的记忆。

——[瑞典]英格丽·褒曼

记忆是一个复杂而神秘的迷宫，我们对它的了解非常有限。人们会为了各种目的扭曲记忆，甚至会欺骗自己。心理学家认为我们可以虚构记忆，甚至可以骗过自己的身体记忆。

我们的感官也有记忆。我们能够清晰地记得幼年时吃过的鸡汤面的香味，夏日跳入清凉泳池的身体感受，母亲抚摸我们的头发时的温暖感觉，以及雨后森林的清新气味，尽管这些感觉难以用语言表达。这些记忆丰富了我们的生活，成为我们的一部分，也是我们人生的足迹。

我们不一定需要用不愉快的回忆让现在感到快乐。只要我们相信自己已经准备好，内心自然会涌现出所需的记忆。那些信任内心的人可以随时放松心情。也许，快乐就是健康的身体加上选择性的记忆。

2.26

不要把自己的真实体会用“好”和“坏”来判断，能完全坦然地接受自己的情绪，就是伟大的第一步。

——佚名

“这样的自己不好”，这种自我否定的话会令自己心生反感。在海里溺水的时候，想要马上浮上水面的关键，就是要放松。不要以“好”和“坏”来判断自我情绪，要如实地感受它。这样做，反感就会减少，就会一下“浮上水面”。浮起之后，我们就自由了。

无拘无束地接受现实，你可以去你想去的地方。

2.27

生活坏到一定程度就会好起来，因为它无法更坏。努力过后，才知道许多事情，坚持坚持，就过去了。

——[日本]宫崎骏

否极泰来是《周易》中的智慧。“否”和“泰”是两个卦名，“否”象征困境和挫折，“泰”代表成功和顺利，二者在人生的轮回中交替更迭。当寒冬的冷风如冰刃般凛冽，当厄运的阴云如浓墨般笼罩，我们只需坚定内心的信念，挺过最艰难的时刻，光明和希望就在眼前。就像冬日的酷寒悄然退去，温暖的春风吹拂而来，清新的春雨洒落大地，催发万物生长，为世界带来生机和活力。

2.28

有些人认为审视过去会使自己更强大，但有时候学会放下才是更好的选择。

——[德国]赫尔曼·黑塞

身与心其实是一个系统，当其中一个因素受到影响时，另一个因素也会受到影响。所有情绪和心理状态都会对我们的生理系统产生影响——好的坏的都会。例如，如果我因为紧张而说不出话来，这通常是一种情绪压力的表现，而释放这种压力（身体的压力）或许就可以缓解情绪上的压力。咬牙切齿通常是一种极度愤怒的表现，有时，仅仅放松脸部肌肉，就可以释放一些内在的愤怒情绪。

释放身体的压力（包括前额、下巴、颈部、肩膀、腹部、背部等），将注意力转至该部位，深呼吸，然后慢慢放松该部位，直到进入一种平静状态为止。在整个过程中，我们可以同时进行冥想，释放这些压力。

无论你是在工作会议中、和伴侣在一起时、抱孩子的时候，还是正在写一份报告，你都可以放松身体上所有感到紧绷的部位、释放你未能察觉的压力。因为身心是一体的，所以你可以通过察觉身体上的问题，学会释放压力，变得更加平静。

三月的风吹拂着明亮的草垛，春天在每个夜晚数她的花朵。

3.1

你的心可以创造一个天堂般的地狱，也可以创造一个地狱般的天堂。

——[英国]约翰·弥尔顿

苏轼在被贬谪到海南岛的时候，他的孤寂落寞与当初的飞黄腾达相比，简直是两个世界。但苏轼却认为，宇宙之间，在孤岛上生活的，也不止他一人；大地也是海洋中的孤岛！就像一盆水中的小蚂蚁，当它爬上一片漂浮的树叶，这也是它的孤岛。所以，苏轼觉得，只要能随遇而安，就会快乐。苏轼在岛上，每吃到当地的海产，都庆幸自己能到海南岛。甚至他想，如果朝廷有大臣早他而来，他怎么能独自享受如此的美食呢？所以，被贬谪万里的苏轼没有客死他乡，后来终于有机会返回朝廷。

3.2

光想无法把田犁妥。

——佚名

坐而论道不如起而行之。起而行，就能改变一切。成功的秘诀在于开始着手。

战胜拖延有一个“三分钟原则”：手边小事、临时性任务，凡是可以在三分钟内完成的，就不要拖延，立刻做；发现自己不够专注、略微有点疲劳的时候，给自己三分钟放松一下，调整状态；考虑成熟的想法，在实施之前，给自己三分钟冷静的时间。

3.3

我听说，如果和另一半吵架，先说这句话的人会是赢家：“对不起，我伤害了你的感情，请原谅我。”

——[加拿大]奥尔登·诺兰

亲密关系的精髓在于相互的宽容与理解，每一次的宽容和理解都如同春天的阳光，驱散关系中的阴霾，让爱得以更加充分地释放。当关系的风暴来临时，彼此的宽容和理解就像坚实的避风港，让双方彼此依靠，共同抵御风雨的侵袭。

如果没有宽容和仁慈的润滑，所有的亲密关系都将无以为继。就像没有雨露的滋润，再繁茂的大树也会枯萎。相反，有了宽容和仁慈的滋养，亲密关系就如春天的花朵，持久而充满生机，不断绽放出更加绚丽的色彩。

3.4

一个增强幸福感的方法，就是增加想要做的事并减少不得不做的事。

——[美国]泰勒·本－沙哈尔

我们的行为受到内在动机和外在动机的共同影响。内在动机源于自我和谐的信念，就像明月在夜空中指引着我们的方向；而外在动机则源自外部因素的激励，如同闪烁的星光照亮我们前行的道路。

以成为一名律师为例，如果是因为家庭压力而选择学习法律，那么工作中的快乐就像短暂的流星一样转瞬即逝；而如果是基于对法律的热爱而成为一名律师，那么在维护正义时所感受到的幸福就会如明月般充盈璀璨，照亮心灵。

让我们思考一下，在平常的一天中，是繁忙的工作任务还是自我实现的追求在主导着我们？在清晨，我们是满怀希望地迎接新的一天，还是被沮丧的情绪围绕，思考着今天必须完成的任务？在夜晚，我们是感到充实与满足，还是无奈地长舒一口气，感叹“这一天终于结束了”？总的来说，我们对即将到来的一天或一周是否充满期待？

3.5

她那时候还太年轻，不知道所有命运赠送的礼物，早已在暗中标好了价格。

——[奥地利]斯蒂芬·茨威格

命运，如同剧本中人物的“故事线”，各有其主。如我的命运、你的命运或他的命运，似乎无法避免，似乎等在后头，如同传说或神话里的字眼。

我们的日常对话很少用“命运”这个词，唯恐招来争议，有些人否认有高高在上的主宰力量，有些人则认为必定有双看不见的手在摆布芸芸众生。然而谈论命运不止涉及我们的可能性，也涉及我们的缺陷，于是我们跟剧作家一样，感觉到性格里悬而未决或未说的部分也许更具有威力，凌驾于其他更好的部分。

3.6

瀑布是个好所在
可以坐在一旁
了解上天的恩典
水流回海的家
你感觉不到
我也看不到
水明白
它该走的路
必须回到大海
水的歌并不复杂
它只是不停流着
一路前行
这不思，那不想
我们已遗忘
人生原本如此简单
我常常想
曾几何时
我们忘怀了人生的自由
如水般流回家
很简单

毋须独力完成

如水般行动

威力既强且弱

能带给我们

苦苦追求的和平。

——[美国] 安 · 韦尔森 · 雪佛

3.7

事必如此，别无选择。

——佚名

在荷兰首都阿姆斯特丹有一座建于 15 世纪的古老教堂，在教堂的废墟上面有这样一句题词：“事必如此，别无选择。”生活是艰辛的，也是复杂的，更不受任何人的掌控，谦逊地接受这一点，会帮助人安然度过生活中的风浪。接受现实，是获取转机的第一步。正如心理学家威廉 · 詹姆士所言：“心甘情愿地接受吧！接受事实是克服任何不幸的第一步。”

3.8 妇女节

你想见的成了现实。

你选择的成了现实。

——印第安寓言

两只狼在决斗，一只狼是黑暗的化身，集结了恐惧、愤怒、嫉妒、伤心、悔恨、欲望、傲慢、自怜、内疚、憎恨、自卑和自负等负面情绪。另一只狼则是光明的象征，承载着喜悦、和平、爱、希望、分享、安详、谦卑、亲切、友好、同情、宽容、诚实、怜悯和信赖等积极情感。

一个纯真的小孩问爷爷：哪一只狼会赢得胜利呢？

爷爷充满智慧地回答：你关注和喂养的那一只。

事实上，这场决斗同样发生在每个人的心中。我们必须用心去滋养那只充满正能量、追求美好与和谐的“光明狼”，让它在我们心中茁壮成长，最终成为我们心灵的坚强守护者。

3.9

谁人背后不说人，谁人背后无人说。

——《增广贤文》

闲聊是个充满慰藉且有爱的活动，两位老友叙旧最是温馨。“同好者闲话人类事迹”是新朋友互相了解的好办法，而且这个办法历久不衰。闲暇时的聊天可以互道近况，既是资讯网络，也是传播系统。

背后被人议论，在人前议论别人，是生活中常有的事。所以，别人讲我们闲话的时候，我们不妨想开一点，他们讲我们，表示我们还是比较重要的，起码他们肯花时间在我们身上。

如果我想讲某人的闲话，某人在我心中必有某种程度的重要性，思及此点，不妨反省到底“八卦”背后是什么心态……结果也许会吓我一跳。

3.10

你对自己越是仁慈，你对他人也会越来越仁慈。

——佚名

己所不欲，勿施于人。这样对谁都好，但事实并不总是这样。我们通常对自己比对他人更不宽容、更不大方。为什么会这样呢?

我们不会在朋友表现得不完美或是孩子偶尔犯错时，就严厉地训斥他们，我们反而会尽可能地给予他们安慰和支持。事实上，我们完全能够以同样的慈悲心对待自己，因为只有在柔软、肥沃的土地上，种子才能真正茁壮成长。

丹尼尔·戈尔曼在他的著作《消极的个人情感》中，提到了东西方有关慈悲心这个主题的文化差异。仁慈其实适用于所有人，爱自己和爱他人是分不开的，它们就像是一枚硬币的两面。但“爱自己”这个概念在西方世界并不普遍，有些人甚至会蔑视自己、厌恶自己。

对自己在乎，才能对他人在乎。爱他人与爱自己，取悦于人与取悦自己，并不冲突。我们甚至可以把爱自己作为爱他人的标准和前提。

3.11

苦难临头，唯有庄严、缓慢，怀着谦卑和信心以对，如同以色列人穿越红海一般，苦难的海将分开，让出一条路，于左右形成两堵墙，直到裂缝在我们眼前合拢，我们安全地抵达彼岸。

——[英国]黛娜·玛莉亚·穆洛克

大地在我们的脚下，是我们站的地方，是承认的状态，无论是否希望，大地都是我们的归属，给予支撑，给予支持；但同时是我们不愿为真的所在，从身心挑战我们，不顾我们的期盼和需要。大地是足下活生生的地基，在告诉我们：我们是什么、我们在哪里、我们处在哪个季节，还有——无论我们大致上怎么希望——我们身体里即将发生什么事情、世界即将发生什么事情，或身体和世界之间的对话即将发生什么事情。

3.12

神圣的大地之母、树木和大自然，都见证你的所思所为。

——印第安谚语

盖亚是希腊神话中的大地女神，拥有无穷的力量。当你病痛和伤心的时候，不妨回归大地之母，将头靠在她胸前，她会为你疗伤止痛。当我们平心静气，放下手边的事，走近大自然，席地而坐，在大地之上伸展四肢，一定会获得全身的放松。或者跑到最心爱的树下，依着树干，悠然而坐，直到身心舒畅。所思所想都值得树木和大自然见证，该有多美妙！

3.13

凡不能毁灭我的，必使我强大。

——[德国]弗里德里希·威廉·尼采

所有击倒你的事情，都是为了让你超越自己而存在的。糟糕的时候，反而不必顾虑。磨难全都是让你改变自己的机会。你不会失去什么，这是一个很好的机会。正因为有了所有的可能性，你才可能会迈出你从未体验过的全新的一步。

3.14

责备使创伤无法收口，宽恕才能疗伤止痛。

——[美国]维拉·凯瑟

宽恕是一种心痛时难以做到的状态，耐人寻味的是，其原因在于宽恕不仅拒绝消除原本的伤口，还要靠近伤害的根源。宽恕是靠近伤害的本质，接近赤裸裸的中心，唯一的疗法是重新想象我们与伤害之间的关系，保有澄明、理智和宽宏，把心变成自己希望的样子。

3.15

一瞬间，时间好似静止了下来，而天地之心却仿佛正在他的心头汹涌翻搅。当他望入她的黑眼珠里，当他看见她的唇边似笑又止，他明白了整个宇宙之语中最重要的部分——世界上每个人的心都能了解的语言——那就是爱。那是比人类的存在更古老，比沙漠更悠远的东西。正是它的力量让两对眼波交会，让两人在这个泉水边相逢。她微笑了，无疑的那个是预兆——显然她正等待着他的到临，甚至不知道他是谁。

——[巴西]保罗·科埃略

3.16

非淡泊无以明志，非宁静无以致远。

——三国·诸葛亮

在世俗生活中，宁静和安宁往往难以获得。今天，我们可以反思一下，自己在哪些小事情上无意间剥夺了自己生活的安宁。

我们是否内心纷扰，过度内耗，让自己深陷烦恼之中？我们是否对自己设置了过高的期望，制定了无法达到的完美标准，并在达不到标准时自责不已？我们是否过于关注他人的言语和行为，而忽视了询问自己能否为他人带去温暖和帮助？我们是否懂得在恰当时机止步，而非一味地过度追求？

通过反思这些问题，我们可以深刻理解如何在日常琐碎中寻找宁静和安宁。不再过度追求完美，降低过高的期望，学会包容他人，适时停下脚步。如此一来，我们才能在世俗的生活中找到内心的宁静和安宁，让心灵得到滋养。

3.17

悲观主义者看到的是机遇中的挑战，乐观主义者看到的则是挑战中的机遇。

——[英国]温斯顿·丘吉尔

乔·托马克和詹姆斯·拉什科维奇经过研究指出，我们可以通过对环境的评估影响生理和心理反应。在一次研究中，他们给两组学生做了同样的测试。第一组被告知测试是“高难度心算测试”，并且要高效地完成。因此，他们认为测试是“一种威胁”。第二组被告知测试是“心算测试”，是具有挑战性的测试，而且要求他们尽力发挥。和第一组不同的是，第二组认为测试是“一种挑战”。那些将测试视为挑战的学生（第二组）更平静、更具创新性，并且分数高于将同样的测试视为威胁的第一组学生。

在另一项研究中，心理学家记录了人们对于现实理解的生理反应。他们发现，仅一字之差就能够产生巨大的差别，包括心率、血压及其他和压力相关的指标。无论我们对环境的理解是挑战VS威胁、机遇VS威胁，还是荣幸VS威胁，都会极大地影响我们在该环境中的整体经历。

你可以将自己的演讲看作潜在的失败，或是分享知识的机会；你可以将自己和爱人的冲突看作对亲密关系的伤害，或是深入了解对方、加强亲密感的机会；你可以将老板召开的会议看作正在逼近的威胁，或是充满机遇的挑战。别忘了，你的人生你做主。

3.18

每次过河时，你都在体验不同的水流。

——[古希腊]赫拉克利特

无论什么样的日常生活，都不可能是完全一样的。当我认识到生活中的每一刻都是独特且唯一的时候，我的生命变得更有意义了。孩子们可以为最平凡的事情感到兴奋，走路、看到一只小狗、触摸一件衣服、吃一口香甜的面包……那么，我们如何才能在日常生活中发现令人激动和富有吸引力的细节？我们如何才能像孩子那样体验生活？我们如何才能在每一次过河时体验不同的水流？

我们无法像三岁孩子那样生活，并且经常对这个世界产生新奇的感觉。如果我们也着迷于所看到的每只动物、每辆汽车或是每架飞机，那么就会消耗大量的时间，让我们疲惫不已。如果我们每次都以看见老友那样的心态，拥抱一个小时前刚看过的一个同事，也会导致局面很尴尬。但是，如果我们像孩子那样看世界，我们就能将平凡的人生经历变成令人兴奋的旅程。

你能在日常生活中发掘新奇的、令人兴奋的地方吗？你从孩子看待生活的态度中又能学到什么？

3.19

孤独即是与众不同，与众不同即是孤独。

——佚名

妙哉斯言！这句话一语道破人类最深的恐惧——孤独。

我们活在惧怕孤独的文化中，我们视孤独为失败，孤独证明我们不受人接纳，孤独既可悲也令人无法接受，因此须不惜代价逃避之。

假如每一个人都不同，都独一无二（我们的确如此），而不同即代表孤独，孤独又比死亡难受的话，难怪大家都要藏起真面目。

假如宇宙是幅巨大的拼图，每个人都是其中的一块，当我们掩藏自己，去当别人，拼图便少了一块。

拒绝做真我，宇宙便多了个洞。

3.20

忧心的父母教不会孩子如何解决问题。

——[英国]苏·惠特克

人生即冒险，这就是人生真相。人生的目的是行动，阻碍行动就是违背人生目的。

人多半从做中学。我们可事先把事情想透彻（试想这有多重要），也可预测孩子该学什么才能拥有完美人生（通常有别于我们的人生）。然而深思后，我们发现所需要学的，几乎全得自经验。

我们为别人担心时，便会想办法减轻焦急和忧虑。忧虑往往转化成替所爱之人做好一切预防措施，终于导致所爱之人缺乏求生训练和解决问题的能力。

为人父母最棒的一件事就是动辄得咎。不如干脆随孩子去，跟他们一起享受生活。

3.21

在平凡中看见神奇是智慧的不变特征之一。

——[美国]拉尔夫·沃尔多·爱默生

每当我看这个世界的时候，我总是能看到各种神奇之处，甚至在“看”这个举动之中。虽然科学可以阐明视觉是什么，例如，视觉皮层的影像是如何形成的，每个神经细胞都有什么功能，但它无法解释我为何能够看见及到底看见了什么。“我是一个有意识的人”这样一个平凡的事实其实是一种非凡的现象，一个科学无法解释的奇迹。

每时每刻，我都可以有意识地选择接受一个事实：活着本身就是不平凡的。如果我愿意花时间观察（仔细地观察）某个人、一棵树或是一辆车，我就会发现其实生命一点儿也不枯燥。世界是多么有意思、多么令人陶醉啊！

3.22

我们不仅永远需要帮助，还得在人生每一关卡练习寻求不同的帮助。

——[法国]司汤达

我们从呱呱坠地的第一天开始就非常需要帮助，一辈子逃不开。婴儿时期的小小身躯需要很多帮助，儿童时期继续需要帮助，青少年时期需要大量情绪上的帮助和好运，之后这种对帮助的需求变得比较幽微，仿佛我们突然间独立自主，昂首立于天地间，知道各种问题的答案，但这只是错觉。

即使长大成人后再英明能干，仍要依靠别人才能更成功，才能更实现人生的可能性。连最孤僻的作家都需要读者，最马基雅维利的匪徒都需要信任的部下，最独立自主的候选人都需要选民。

寻求有形或无形的帮助，寻求正确的帮助，明白人生就是需要帮助，明白自己值得这些帮助——这些也许让自己有脱胎换骨的力量。我们最脆弱的部分是需要帮助，我们务必通过这一道门，才能迎向人生的下一片天地。

3.23

至乐无乐。

——战国·庄子

快乐是天赋之一，但快乐就像一则小故事所讲：小狗问妈妈，幸福在哪里？妈妈说幸福就在你的尾巴尖上，于是小狗一天又一天坚持不懈地去追逐自己的尾巴，可是永远都追不到。正如英国小说家乔治·艾略特所言：不论快乐降临与否，吾等皆应致力做好心理准备：没有快乐也无所谓。

3.24

游历越广，越领悟到恐惧使得原可成为朋友的人，依旧陌不相识。

——佚名

社交恐惧是一种自我保护机制，是恐惧的一种形式。比如，人多的场合总是感觉不自在；明明很喜欢，却不想见面；时刻做着绝交的准备；每次听到电话铃声都觉得末日降临……这都是社交恐惧的迹象。现今社会中，社交恐惧算是一种常态。

之所以造成这种现象是因为你不熟练，在你的大脑里面没有可以指导你如何面对陌生人的经验。所以，克服社交恐惧，需要一点点冒险，一点点情绪上、面子上的冒险。可以从小处开始，慢慢习惯这种冒险。

3.25

我的生活一直充满着可怕的不幸，但是其中的大多数从来没有发生过。

——[法国] 米歇尔·德·蒙田

生活中的小烦恼就像一阵风吹乱了我们的头发，虽会带来些许扰动，却不会阻碍我们前行的步伐。在应对这些小烦恼时，我们要保持内心的宁静和清明，不要让它们成为我们心灵的负担。不要过分纠结于烦恼的琐碎细节，而是要探寻其背后真正的问题。只有这样，我们才能真正地解决这些烦恼，而不是让它们困扰我们的生活。我们要成为烦恼的掌舵者，而不是让烦恼成为我们情绪的主导者。

3.26

如果你能开始了解自己，不刻意去改变而只是照着自己的本质活，那么你就会开始蜕变。我认为一个人可以默默无闻地活在世界上，完全不被人知道，没有名气、野心和残酷。如果一个人不认为自己有多么重要，他可以活得非常快乐。

——［印度］吉杜·克里希那穆提

3.27

每一个不曾起舞的日子，都是对生命的辜负。

——[德国]弗里德里希·威廉·尼采

去爱吧，就像从未受伤一样，让爱的光芒洒满心房；

去跳舞吧，就像全世界只有你在舞动一样，让身体与灵魂舞动起来；

去唱歌吧，就像只有风在聆听你的旋律一样，让歌声传递出内心的喜悦；

去工作吧，就像你的生命只为了这一刻的奉献一样，让每一天都无比充实；

去生活吧，就像今天是你的最后一天一样，让生命的每一刻都精彩无限。

在人生的舞台上，我们既是演员，又是观众。

用心去感受每一个瞬间，珍惜每一个当下，让我们的人生充满意义和价值。

3.28

我认为幸福的定义应该是“快乐和意义的结合”。快乐代表现在的美好时光，属于当前利益；意义则来源于目的，一种未知的利益。

——[美国]泰勒·本－沙哈尔

现在的一切都是最好的安排。

现在的丈夫是最完美的选择。

现在的妻子是你生命中最珍贵的礼物。

现在的孩子是你生命中最美好的一部分。

现在的父母是你最坚实的后盾。

现在的兄弟是你人生中最坚实的朋友。

现在的朋友是你生命中最宝贵的知己。

现在的工作是你实现自我价值的最佳平台。

就连筵席结束的时刻，也是命运中最美好的时刻。

3.29

生命的艺术或许就是将困境转化为伟大的经历：我们可以选择憎恶雨天，或是在雨中翩然起舞。

——[美国]琼·马奎斯

有时，仅仅是改变观点，从不同的角度看待困境，就能够帮助我们消除束手无策的绝望感。我们可以将环境中的威胁看作挑战，并且做出截然不同的反应；我们可以改变自己对自己不喜欢的人的看法，并且在交流中找到一个好的开始；我们可以将失败看作学习的机会，因而增加自己再次起航的可能性；有时，我们甚至可以在痛苦中找到隐而未现的人生意义，继而将其翻转为成长的经历。

尽管客观环境的影响很大，但我们对它的主观解释也很重要。

3.30

中文的“危机”分为两个字，一个意味着危险，另外一个意味着机会。

——[英国]布瑞杰

危机是无法避免的。每个人的人生似乎总会受某种无可名状的力量牵引，某种海潮、某种地磁，迎向必然的困境，仿佛先前的一切都在铺陈这次命定、这次冲突，这次与自身缺陷根本的相会，于是人们被打断、被顿挫、被暴击。

不把意外当危机，人生便因此充满机会。也许，错失学习的良机才是真正的危机吧。

3.31

最曲折的路有时最简捷。

——[德国]浮希特万格

致迷茫的你：

我十分欣赏那份淡淡的迷茫，因为它告诉我们，只要勇往直前，总会找到属于自己的归宿。

别惧怕那些弯路，因为它们都是通向光明彼岸的蜿蜒之路。只要我们坚定信念，再曲折的道路也能绽放出绚烂的曙光。

即使走错路也没关系，因为每一次错误的探索都是我们成长的烙印。

方向错了也没关系，只要我们勇敢地走下去，终会找到正确的路径。

放声哭泣也没关系，因为这世界上没有绝对的对与错，只有那些独特的经历和珍贵的记忆。

在这广袤无垠的宇宙中，所有的体验都可以成为你人生的一部分，每一次历练都是你生命中宝贵的财富。

因此，请怀揣着信念和勇气，放心大胆地向前迈进吧！

四月像个孩子，用花朵在尘土里留下记忆，随后忘记。

4.1

这个世界，这个充满骄傲和谬误的舞台，站满了病态的笨蛋，谈论着幸福。

——[法国] 伏尔泰

一个魔术师能在极短的时间内打开十分复杂的锁。他非常自信，认为天底下没有他打不开的锁。有一个年轻人想证实一下魔术师的技艺究竟有多神奇。他打造了一个特别坚固的铁笼，铁笼的门上锁着一把看上去非常复杂的大锁。年轻人把魔术师请进了铁笼，然后看他能否打开锁后从铁笼中脱身。

魔术师想，开一把锁岂不是太容易了。他进了铁笼，掏出随身带的工具，开始开锁，魔术师干得十分专注。10 分钟过去了，20 分钟过去了，30 分钟过去了，1 个小时过去了，锁始终没有打开。魔术师开始急躁起来，2 个小时过去了，魔术师还是没能打开锁。他累得精疲力竭，靠着铁笼门瘫倒在地。这时，门却顺势开了。

4.2

不要把自我价值全部建立在工作上，带着为“身边的人略尽绵力”的想法去工作，或许会更好。饮食足以温饱，有工作需要自己，其实这样的生活刚刚好。以这样的心态面对漫漫人生，也许才是至关重要的。

——[日本]中村恒子、奥田弘美

不记得谁最先说这句话，凡事中庸才能获得最大的快乐——包括中庸之道在内。凡事皆持中庸之道，尤其是适度中庸，或许快乐已在心中。

4.3

如果你用演主角的态度去演一只狗，狗也会成为主角！

——[英国]阿尔弗雷德·丁尼生

命运赐予我们不同的角色，如果我们只是不重要的小角色，与其怨天尤人，不如全力以赴。只要你毫不松懈地认真对待，再小的角色也有可能变成主角。

4.4

把烦恼分为以下三种：

1. 相当困难的事；

2. 稍微努力即能实现的事；

3. 马上可以做的事。

——[日本]中谷彰宏

这样的事，总是在写出来之后，自己才意识到。

如果不将其写出来和难以实现的烦恼做比较的话，可能你会一直都不知道自己能不能做这些事。

只要得到了信息，人就会开始行动。

无论是马上可以做的事还是相当困难的事，给人的满足感都是平等的。

只要你做出了“这个能够实现”的判断，烦恼就会很快实现了。

实际上，那些你认为不易实现或实现起来相当困难的愿望，只要你一步一步地努力去做，就一定能实现。只要你一步一步地前进，就一定会接近目标。

4.5

常思某人境界不及我，某人命运不及我，则可以知足矣。

——清·王永彬

我们总是觉得，别人比我们快活，这其实是一种错觉。生活中的许多烦恼都源于我们盲目和别人攀比，而忘了享受自己的生活。“境由心造”，只要你真心觉得自己比谁都快活，那么你就的确会如此。

不要盲目和那些所谓的“成功者”做任何比较，每个人都有自己的境遇、自己的生活，坦然享受自己的生活吧！

4.6

有一颗与众不同的树种被选了出来，要种在一片荒漠的土地上。

“多么优秀的一颗树种啊，你应该为此感到骄傲。”人们赞美道。

“我只是一颗树种而已，还没有资格骄傲。”树种小声地说。

树种发芽了，它长势良好，隆冬酷暑、狂风暴雨，但是都不能摧毁它。

“多么坚强的一棵小树啊，你应该为你自己骄傲。”人们赞美道。

“我还只是一棵小树，没有勇气骄傲。”小树轻声地说。

小树长大了，它枝繁叶茂，高入云端。

“多么高大的一棵树啊，你应该为此骄傲。”人们赞美道。

“我已经是一棵大树了，没有必要骄傲。”大树无声地说。

——佚名

4.7

置身横逆的诗人写不出诗来。

——佚名

要求自己在逆境中表现如常，既残忍又不现实。我们有时习惯于自我苛求。人生在世，难逃横逆，横逆并非偶然，和人生的快乐、平顺、静默、富有生产力的种种时刻一般，横逆也是人生的一部分。人生如潮，不可能免于起伏。如果我们假装一切顺遂，往往又会使得横逆趁势坐大。承认逆境的存在，调节自己的预期，不放弃奇迹的努力，才能冲破横逆，达成目标。

4.8

面对现实，而不是过去式的现实或是理想化的现实。

——[美国]杰克·韦尔奇

我们改变现实环境的能力有限，因此，我们必须学会接纳并适应环境。尽管我们可能对地心引力感到不满，希望它消失，但我们仍不得不接受它并与之共舞，否则我们便无法在地球上生存。同样的道理也适用于所有现实条件，例如，我们无法改变过去、每个人都有各自的体力极限等。因此，我们不应逃避现实，而要勇敢地面对现实环境，拥抱现实，并寻求与之共存的和谐之道。

4.9

不包括犯错误的自由不是真正的自由。

——[印度]莫罕达斯·卡拉姆昌德·甘地

错误和过失不仅是生命中不可避免的部分，而且是成功最重要的部分。我们学会走路是从跌倒开始，学会说话是从“咿呀”开始，学会投篮是从投不中开始，学会画画是从涂鸦开始。

如果将错误看作灾难，我们就会停止尝试，无法发挥自己的潜力。相对而言，当我们将错误看作反馈，才得以打开学习和成长的大门。此外，当我们不再将失败看作敌人，才能体验生命的奇妙，不再受制于完美主义的假象。

4.10

失去这个人之后所感受到的寂寞、苍凉、痛苦，在你还没恋爱以前就存在了。你所谓的爱只是一种刺激，暂时掩盖你的空虚。你通过另一个人来逃避寂寞，利用这个人掩盖寂寞。你的问题不在于这段关系，而是你自己的空虚。逃避是很危险的，因为它就像某种药，把真正的问题隐藏起来。这是因为你心中没有爱，所以不断从外在寻找爱来填补自己。这种缺乏爱的表现导致你寂寞，等你看清楚这个事实，你就不会再靠外来的人事物来填补内心的空虚。

——[印度] 吉杜 · 克里希那穆提

4.11

我是自己命运的主宰，我是自己灵魂的舵手。

——[英国] 威廉 · 欧内斯特 · 亨利

我们的大部分时间都是以“自动驾驶”的模式度过的：面对生活中的各种情况时，我们经常会不假思考、自动地做出反应。当有人提出一些我们不同意的观点时，我们会不悦；被批评时，我们会生气；当令人胆怯的挑战出现时，我们会放弃。你或许认为这些反应是不可避免的，其实不是。

当我一成不变地应对所有事情时，我其实是在拒绝自己经历更多的积极体验。在这种情况下，我需要退一步，思考自己应如何应对。我需要的是可控、理智、谨慎的行为，并且以此为自己和他人建立更好的关系。你只需要稍微改一下惯常的反应方式，就有可能将自己和他人导向截然不同的结果，从而拥有更和谐的人际关系。

4.12

受苦的人，没有悲观的权利。

——［德国］弗里德里希·威廉·尼采

受苦的人，没有悲观的权利。正如在地震时，没有喊晕的权利；在失火时，没有怕熏的权利。人在低谷，必须提振自己的精气神，才能挺过去。

4.13

成功的生活需要大部分时间的乐观和偶尔的悲观。轻度的悲观使我们在做事之前三思，不会做出愚蠢的决定；乐观使我们的生活有梦想、有计划、有未来。

——[美国]马丁·塞利格曼

让我们的生活要持续充满希望和干劲儿。但是，偶尔的担忧和焦虑，其实是一种保护机制，它让我们警醒、慎重，避免因过分乐观而做出愚蠢的行为。

遭遇偶尔的消沉或拖延，也不必陷入深深自责，这样只会让你陷入一种恶性循环。

这种消沉或许会错失些什么，不过没关系，我们可以重新振翅飞，要知道，能够飞得远的鸟，都是善于滑翔的。

停顿，是前进的动力。累了，就休息一下。此时该停下来，整理思绪，深呼吸几次，休息，听取他人意见，再重装上阵。

4.14

当他到了生命的最后时刻，他回首往事，审视从前所有痛苦的时光，觉得那些日子才是他生命中最好的日子，因为那些日子塑造了他。

——［波兰］波莱斯拉夫·普鲁斯

渡边和子在《你是世间唯一的花》中说：真正的自我，并非来源于寻找，而是通过不断地探索自身，通过邂逅和人生经历，将自己塑造出来的。

4.15

尊重是一种朴素的爱。

——佚名

我们通常会把自己最好的状态留给陌生人，对于那些最亲近的人——那些最关心我们及我们所爱的人，我们可能会很随意地对待他们。我们或许会对家人说一些具有伤害性和攻击性的话，我们或许会对爱人及好友很不友善。尽管这些攻击可能来自亲密感或是熟悉度（当然，任何亲密关系都会有摩擦，甚至会有痛苦经历），然而这并不会将你的侮辱、敌意或是轻视合理化。

所以，我认为：你不会对他人（陌生人）做的事，也不要对你所爱的人做。我们会愤怒和生气，也会失望和受伤，但如果我们想不断增进自己的亲密关系，就必须像对待陌生人那样尊重我们所爱的人。

4.16

善者不辩，辩者不善。

——春秋·老子

老子认为，境界高的人，往往不屑于争辩；喜欢与人争辩者，往往境界不太高。一次，有人对孔子说："冉雍这个人，很有仁德，但是口才不怎么好。"

孔子回答："何必一定要有好口才呢？摇唇鼓舌地与人辩论，经常会得罪人，让别人憎恶。如果没有仁德，口才再好，又有什么用处呢？"

《庄子》里有个叫士成绮的人，慕名来见老子。可是当他见到老子后，发现老子住的地方乱七八糟，人也其貌不扬，就说："别人都说你是圣人，我看你跟老鼠差不多。"

老子抬头看了看他，什么也没说，低头继续看自己的书。

回到家后，士成绮感觉自己有点过分了，第二天又来给老子道歉。老子看到他又来了，说："如果我有获得大道的实质，你骂我是猪、狗、老鼠又有什么关系呢？我还是我。"

4.17

看着太阳下山，我总是默默地许愿。

当太阳的余晖消失在地平线前，

我许愿。

于是，太阳接受了我的愿望。

这时，愿望已不仅仅是梦想，而是我的目标。

——[美国]迈克尔·约瑟夫·杰克逊

流星常被看作愿望之星，在各种文化传说中都有其身影。有一种说法是，当流星划过天际时，将愿望倾诉给它，梦想便会慢慢实现。另一种说法则是，在流星闪耀的瞬间默念三遍许愿之辞，能确保愿望成真。

流星划过天际的瞬间虽然短暂，但在这短暂的瞬间，我们的梦想却能无限地凝聚和倾诉，这是因为梦想早已深深扎根于我们的内心，随时等待绽放。

有一种观点认为，一个人对梦想的回忆次数与梦想实现的速度成正比。因此，我们需要在日常生活中尽可能多地回忆自己的梦想。

无论是朝阳初升时那绚烂的朝霞，还是夕阳西下时那宁静的晚霞，亦或是夜空中皎洁明亮的月光，甚至是划过天际的流星，我们都可以向它们宣告自己的梦想，让梦想在每一次对自然之美的凝视中重新焕发生机。在这些时刻，我们将心中的梦想与大自然之美交织在一起，让梦想在其中生根发芽，茁壮成长。

4.18

恒久而不绝的信念和爱，就是一粒坚韧的种子。

——佚名

人的信念和热爱宛如一粒种子，总能找到适合自己的土壤，进而缔造奇迹。就像一块土地，无法种植麦子，不妨试试豆子，豆子长势欠佳可以种植瓜果。若是瓜果仍不尽人意，便播撒一些荞麦种子，总有一粒种子与土地相宜，最终收获满满。实际上，人类创造的奇迹正是这粒种子坚持不懈生长所结出的瑰丽成果。

4.19

子在川上曰："逝者如斯夫，不舍昼夜。"

——春秋·孔子

万事万物各遵节令，生子、慈爱、死亡。人要遇上了才会了解，猜疑和恐惧无益。

我们很容易忘记时间是我们的朋友。曾几何时，我们竟认为时间的流逝是一种损失。

一切都会在时间的双手中美化，变为令人抚慰的层次与模糊，成为美丽的废墟，在完全离开与逝去时最为真实。

我们真的不愿子女长大吗？

如果孩子不长大，我们临老就没有美丽记忆可供回味。

一再重复处理同样的问题？多乏味呀！活在当下才有未来。

4.20

将你当下的想法写下来。那些灵光一闪的点子往往是最有价值的。

——[英国]弗朗西斯·培根

在现代社会，很多作家用文字处理器工作。在这个过程中，他们失去了手写所带来的乐趣——手写是一项以手为媒，将思维直接转化为纸上文字的技艺。请随身携带一个笔记本，寥寥几笔写下自己的想法——享受这样的凌乱。要知道，大脑的意外发现是一种重要的创造性的力量。

4.21

结庐在人境，而无车马喧。

问君何能尔？心远地自偏。

采菊东篱下，悠然见南山。

山气日夕佳，飞鸟相与还。

——东晋·陶渊明

心理学家认为，人总是想找到能分担其痛苦和悲伤的人。从根本上讲，人的一生其实是一个人独自生活。

但是，不管我们是谁或身在何种境况，都能亲近大自然。客厅里仅有的一株植物，一瞥冬日的天空，或天际孤树的轮廓，他们都是大自然。大自然会还原迷失的自我。

4.22

人的一生，有如火焰般璀璨的时候，亦有如灰烬般昏暗的时候。

——[法国]亨利·德·雷尼埃

每个人无论怎么做，对人生的谈法总会应验为命运。命运的应验也许是完满，也许是沮丧，也许像回家，也许像放逐，更可能像在光谱的渐层之间。这仍是我们的命运，是我们的人生。但自我的满足和实现与否，也许取决于勇敢地参与，取决于愿意大胆投身不同的世界，充分发挥天赋，熟悉自己的深度，熟悉自己意外发掘的广度。

4.23

物来顺应，未来不迎，当时不杂，既过不恋。

——清·曾国藩

人生中最宝贵的财富，即一生的时光。对于这份财富，我们可纵情挥霍、肆意浪费和悠然探索。同时，他人也能成为我们命运的赠予——一份能够帮助我们成长、觉醒并实现互惠互利的珍贵礼物。每一刻，我们都能深切感受到这些财富的珍贵。

然而，时光如流水般无法被储存或冻结，它总是在我们想要紧紧抓住的时候悄然溜走。因此，我们应该更加珍视当下的每一刻，全身心地品味、珍惜和享受生活的璀璨瞬间。只有紧紧把握住当下，我们才能让生活展现出它应有的光彩，谱写出属于我们自己的精彩人生。

4.24

那些不知道如何用整个心去哭泣的人，也不会知道如何开怀大笑。

——[乌克兰]果尔达·梅厄

自幼年起，我们就被教导要克制情绪，喜怒不形于色。如今，我们每天都在努力扮演情绪稳定的成年人。

然而，我们必须揭穿这个谎言，并正视一个真相：任何一种情感都是正当的，包括快乐、愤怒、悲伤和恐惧，这些都是我们内心真实感受的表达。因此，请允许自己产生各种情感，不要为了追求所谓的“情绪稳定”而压抑甚至摧毁自己。

情感是连接我们与他人的桥梁，也是我们理解自己的宝贵机会，千万不要将其视为弱点或负担。只有接纳和表达情感，我们才能与他人建立真实、健康和深入的关系，并成为更好的自己。

4.25

烦恼即菩提。

——禅宗语录

很少有人担心好运降临，但担心厄运降临时，不免忧心忡忡。

经常忧虑的人，往往会自动关注某些负面事件或信息，这种自动化思维有两个不良影响：首先，你很可能将一些模棱两可的信息解读为威胁。其次，你可能无法控制自己产生灾难化思想。忧虑这种负向期待夺走现在，扭曲未来……并非良策。

4.26

探索之旅不在于发现新大陆，而在于发现新视角。

——[法国]马塞尔·普鲁斯特

每当我将自己困在刻板的思维里，把世界看作是一个静态的物体或是认为其一成不变的时候，生活就会变得很枯燥。但世界不是静态的，生活也不是一成不变的。我怎样才能反复体验奇妙与新鲜的感觉，就像孩子首次踏上青草地或是首次见到鸟儿时那样？

答案是，我可以通过发现新事物，体验每时每刻的奇妙和新鲜。无论是发现一个物品的新用途，在一张熟悉的面孔上发现一个不一样的表情，从不同的角度看同一个政治问题，还是在一首老歌中发现更多独特的细节。

4.27

愤怒中仍保持温和的人，确实更有头脑。

——[古罗马]普劳图斯

解读愤怒是一门艺术，其造诣高低取决于人们的“认知动机”。具备高认知动机的人会深入探索愤怒背后的复杂意义，而低认知动机的人则往往局限于愤怒的表面现象。不同的处理方式会对人们的人际关系和情绪健康产生不同的影响。

4.28

机遇通常是强有力的。请让你的鱼钩时刻抛在水中；在你最不期望钓到鱼的池塘，可能就会有鱼。

——[古罗马]奥维德

4.29

与其说人类的幸福来自偶尔发生的鸿运，不如说来自每天都有的小实惠。

——[美国]本杰明·富兰克林

4.30

山不转水转，水不转云转，云不转天转，天不转人转。

——中国谚语

今天就是今天，是造物者赠予的大礼，与其说今天限制了我，不如说我局限了今天。作家白先勇曾说："命运异于常人时，你只有去面对它，并接受它。若一味逃避、怨愤、自怜，都无法解决你的难题。"人生绝大多数的苦恼，都来自偏执和妄想，既不愿试着放下，也不愿好好活在当下，才会让自己的生活满是迷茫、愁苦与怨悔。走出人生泥淖的最好方法，就是"适时转念"。

在黄昏相遇，五月是初夏的浪漫。

5.1

充满希望的旅行胜过抵达，真正的成功在于工作。

——[英国] 罗伯特·路易斯·史蒂文森

人类不是靠完成或抵达来找到本质，而是靠接近自己喜欢的前往方式，接近于站立之地与所往之方的对话方式。我们其实总在接近那终极的秘密：我们的真实更在于盼望寻得方向，而不在于抵达；在了解与不了解之间，那一步无比接近快乐。

5.2

灵性是种原生的智慧，并非借由经验获得。

——[美国] 玛莉莲·佛格森

假设，在此仅仅假设，灵性（Spirituality）是与生俱来，不用寻寻觅觅，也不用别人传授，是生而为人就具备的。由于灵性是天赋，故任凭我们运用，“随传随到”，而且我们一辈子都具有“原生的智慧”，只要去发现它的存在即可。正如诗人惠特曼在《草叶集》里所言：检验所有你被灌输的教条，扔掉那些使你的灵魂感到屈辱的东西。

5.3

在我们追求知识、贪得无厌的欲望中，我们失去了爱，我们磨损了对美的感受，以及对残酷事物的敏感性；我们变得越来越有所专长，也越来越破碎不完整。知识无法取代智慧，不论有多少的解释，聚集了多少的知识，都无法使人从痛苦中解脱出来。知识是必需的，科学也有它的地位；然而，如果心灵被知识所窒息，如果借着解释而将痛苦的原因敷衍过去，则生活便是虚度而无意义。

——[印度]吉杜·克里希那穆提

5.4

然而，你猜想得到，我们年轻时意气风发，初生之犊不怕功不成名不就，也不畏外界险恶。

——［美国］约翰·爱伦·艾德华·莫根

当我们经历了岁月的沧桑和时间的洗礼，也许会对一些事情看得更开，也许会变得逐渐消沉。

然而，人类拥有的天赋之一便是记忆。身体也有记忆，这点连大脑也不知情。

这是上天奇怪的恩赐——或许你会这么说。但是当我们更坚强、更成熟、更睿智、经验更丰富时，连回想最伤痛的记忆都是解开心结的良机。如果我们能通过回忆，重拾初心与勇气，记忆力难道不也算一种福气？

5.5

我接受整个宇宙。

——[英国]格丽·富勒

在与命运的博弈中，我们无法撼动既定事实的一丝一毫。命运有着它自身的轨迹，而我们能把握的，只有自己的内心。唯有时刻调整自己，我们才能唤醒内心的力量，挣脱束缚，实现自我价值。

5.6

只要持之以恒，自己就有一件值得骄傲的事，就算那只是一件小事。

——[日本]松浦弥太郎

张岱在《陶庵梦忆》中说：“人无癖不可与交，以其无深情也；人无疵不可与交，以其无真气也。”业余爱好不是工作，干一份工作与个人的声望有关，与钱有关。而业余爱好的目的则是为了使你的灵魂充实。

5.7

我值得拥有爱、欢愉和一切美好的事物。

——[美国]露易丝·海

有时，我们拒绝努力为自己创造美满的生活，因为我们认为自己不值得拥有它。我们不值得拥有的信念，可能源自我们早期的童年经历。或许，这信念来自我们儿时的延迟训练。或许，是因为我们的父母警告我们，如果我们不把东西吃光、不整理房间或不把玩具放回原位，我们就得不到我们想要的东西。我们逐步接受别人的观念或想法，而这些和我们毫无关系。

我值得拥有……我值得拥有一切美好的事物，不是一部分，也不是一点点，而是一切美好的事物。此时此刻，我将过往所有负面、束缚我的想法搬走。我释放父母对我的限制。我爱他们，因此我要超越他们。我不是他们负面评价和限制性信念的接收者。我没有被这社会衍生出的恐惧或偏见束住。我再也不要被任何限制束缚住。你会发现，每个人的生命活力深受他们对自己是否“值得拥有”的认知所影响。

5.8 微笑日

真正值钱的是不花一文钱的微笑。

——[美国]查尔斯·史考勃

微笑吧，微笑使血液奔腾、胸腔扩张、神经充电、头脑清晰、通体清爽、活力四射。微笑是一种宽容、一种接纳，它缩短了彼此的距离，使人与人之间心心相通。特蕾莎修女到日本的时候说：“让我最感震惊的是日本的漂亮。街道、服装、汽车，一切都很漂亮。但是，若是在这些漂亮的建筑、家舍中，没有亲人间的笑容、夫妇间的关怀的话，那我认为他们还不如印度那些贫困却温暖的家庭幸福。”

5.9

每对焦虑小小地让步一次，就离本性更远。

——佚名

“本性”深埋于每一个人心中。每一次心跳都提醒我们，我们还活着，有机会发挥人类天赋，有可能将人性发挥到极致，并体验何谓人性的极致。

焦虑、恐惧、控制欲、欺骗，使心灵蒙尘，阻碍潜力之发挥。我们无法根除这些感觉，这些感觉全属人性，人皆有之。它们的存在有其理由，我们应该发觉它们，向它们学习。而向它们竖白旗或沉溺其中无法自拔，只能徒然迷失自我而已。

开启焦虑恐惧大门的人将深陷其中无法动弹，秉持学习的心的人可以明心见性。

5.10

那些活在世界的美好和神秘之中的人，从不会对生命感到寂寞或是厌倦。

——[英国] 蕾切尔 · 卡逊

海伦 · 凯勒在十九个月大的时候因病失去了视觉和听觉。她在散文中写到，如果有三天让她重拾这些感觉，自己将会做些什么。在文章里，她叙述了一段和朋友的对话，这位朋友刚从森林里散步归来。凯勒问朋友都看见了什么，朋友的回答是：“没什么特别的。”凯勒感到很费解，她不明白，一个人怎么可能走遍整个森林却没看见任何特别的东西。

“作为一个失去光明的人，我可以给那些能看得见的人一个提示，给那些能够充分使用视力的人一个劝告：去用你的眼睛，就好像明天你就要失明一样。这种方法同样适用于其他感官。去聆听声音的乐章、鸟儿的歌唱、激昂的管弦乐曲，就好像明天你就要失聪一样。去触摸你想触摸的每一样东西，就好像明天你不再拥有触觉一样。去闻闻花儿的清香，仔细品尝食物的滋味，就好像明天你再也闻不到气味、尝不出味道一样。最大限度利用每一种感官，用自然赋予人类的感官来接触世界，你能借此领略到这个世界的快乐与美好。在所有的感官中，我确信拥有光明绝对是最令人愉悦的。”

有时我们唯一需要做的就是关注自己的感觉，享受世界的美妙。海伦·凯勒提醒我们，要意识到自己是多么幸运，可以直接体会身边和心里最宝贵的财富，一切美好的景象、声音、味道及感觉。

5.11

你可能犯的最大的错误就是总是担心自己会犯错。

——[美国] 阿尔伯特·哈伯德

有些人因为害怕犯错而停滞不前，就像将自己封闭在无窗的暗室中，失去了接触外界的机会，生活的色彩变得单调，心灵的自由受到束缚。然而，要改变这种状态，需要勇敢地面对犯错的可能性。只有毫不畏惧出错，才能勇往直前，取得成功。同时，如果我们因为害怕而拒绝尝试，可能会错过许多生活的美好机遇，并因此追悔莫及。

因此，不要害怕犯错，要勇敢地尝试新事物。最终，你会发现，那些曾经让你畏惧的错误和挑战，都会成为你前进道路上的宝贵财富。勇敢地迈出一步，迎接未来的无限可能，让你的生命绽放出绚烂的光彩。

5.12

物极则复，器满则覆，当断不断，将受其乱。

——唐·苏安恒

卓越、出色者并非完美，奇才常常有大缺憾。著名影星索菲亚·罗兰，有人说她嘴太大，身体则丰满得有点偏胖，然而她却被评为20世纪最美的女人之一。美国伟大的总统林肯，形象丑陋，不修边幅，嗓音粗哑，但他却是历史上最优秀的演说家之一。佛经上把我们生存的这个世界称为“婆娑世界”，意思是能容忍许多缺憾的世界。一方面，这个世界没有一样事物是完美的，一切都在矛盾之中；另一方面，你不觉得这种不完美本身就已经很完美了吗？

5.13

就算是天堂，吹毛求疵者也能挑出毛病。

——[美国]亨利·戴维·梭罗

博恩·崔西曾说：在所有环境中发现积极之处是一种乐趣。别忘了，95% 的情绪取决于你对环境的诠释。由于吹毛求疵者总是在寻找周围事物的各种问题和缺点，导致天堂在他们眼中也变得不完美了。而价值发现者是能够在绝望中找到一线希望、在腐朽中看见神奇的人，他们总是能够看到生活中美好的一面。事实上，在大部分情况下，我们确实能够发现生活中的美好。我们对生活态度的选择（无论是价值发现者还是吹毛求疵者）会极大地影响自己的身心健康、人生经历，甚至身边人的经历。

试着分别从吹毛求疵者和价值发现者的角度解读你生活中的事情。想想看，你是否愿意终生做一个价值发现者？

5.14

你如果不能改变事实，就不如改变想法。

——[美国] J. 马丁·科尔

一位农场主雇用了一位水管工来安装农舍的水管，然而这位水管工的运气却异常糟糕。第一天，他车子的轮胎就爆裂了，耽误了一个小时；接着，他的电钻也坏了；最后，他开的老爷车竟然也抛了锚。完成当天的工作后，农场主开车送他回家。

到家门前，水管工却没有马上进去，而是站在门口沉默了一会儿，然后伸出手抚摸着门旁的一棵小树的枝丫。他在门口停留了一会儿，然后才打开门，与两个孩子紧紧拥抱，并给了妻子一个热烈的吻。

第二天，农场主问水管工，昨天他在家门前抚摸小树枝丫的动作是否有特别的意义。水管工爽快地回答："是的，那棵小树是我的'烦恼树'。我在外面工作，总会遇到挫折和烦恼。但我从不把它们带进家，因为家里有我的家人。我把它们挂在树上，让老天爷管着，第二天出门再将它们拿走。神奇的是，每次出门到树跟前，我都发现，'烦恼'已经消失了大半。"

生活中的压力和困扰总是难以避免，但当我们感到厌倦和压抑时，寻找恰当的方式释放内心的积郁是一种寻求心理平衡的好方法。这可以是像故事中的水管工那样寻找一棵"烦恼树"，也可以是其他适合自己的方式，重要的是要学会调整心态，勇敢面对生活中的挑战。

5.15

对工作倾注爱很重要，如果你能喜欢自己的工作，喜欢自己制造的产品，当问题发生时，你就不会茫然不知所措，而是一定能找到解决问题的最佳方法。

——[日本]稻盛和夫

渡边和子在《你是世间唯一的花》中说：“因为麻烦，所以去做。当然可以去考虑该不该做、该怎么做。但是，与自己的怠惰心做斗争之时，就会展现出真正的美和个人气质。”虽然经常有人把“漂亮的人”和“美丽的人”混同使用，但二者有着绝对的区别。

5.16

不贵于无过，而贵于能改过。

——明·王守仁

承认自己不对，坦承错误，是一种勇气，也是一种智慧。这是认错的报酬。正如诗人波普所言：人不应以昔日错误为耻，承认错误不过是代表今天的他比昨天的他聪明。

5.17

你已太清楚地证明一件事：了解往往意味着学会怀疑。

——[法国]安托涅·狄修里伊

5.18

人生之妙不在立足之处，而在前进之方向。

——[美国]奥立弗·温道尔·霍姆斯

从内在出发，这份感觉也许混乱，但我们慢慢明白自己真正在乎什么，让外在生活与这股引力结合。这份强烈的脆弱，变成唯一必须前往的方向，唯一真正的邀约，最确切与最安全的地面，由我们踩着向前迈步。在内心里，我们变得明白自己爱谁，爱什么，要怎么去爱，要怎么爱得更深。而只有从外面看，只有当你回首，这才显得你很勇敢。

5.19

孝子之至，莫大乎尊亲。

——战国·孟子

我们需要长辈。小说家狄·史泰尔夫人说：高贵的生命迈入老年并不代表走下坡，而是不朽的起点。世界各地的土著了解人生的根基和生命的意义，与长辈的相处大有关系。

我们经由长者而体验到一脉相承和永垂不朽，才有可能超越他们自他们的长者汲取的心得，参与这项文化遗产。

5.20

以为明天可以再欣赏樱花，或许半夜的一阵风，便将花扫落了。

——[日本]亲鸾上人

不论任何事，只会在“现在发生一次”。所以，不要忽略了“现在”这个生活的重要时刻。

亲鸾上人在9岁时，就已立下出家的决心，要求慈镇禅师为他剃度。慈镇禅师非常嘉许他的志愿，答应明日一早为他剃度。亲鸾上人听后，非常不以为然地说：“师父！虽然你说明天一早为我剃度，但我终是年幼无知，不能保证自己出家的决心是否可以持续到明天。而且，师父！你那么年高，你也不能保证你是否明早起床时还活着。”慈镇禅师听了这话以后，满心欢喜道：“对！你说的话完全没错。现在我马上就为你剃度吧！”

5.21

受到痛苦，我就喊叫，流眼泪；遇到卑鄙，我就愤慨；看到肮脏，我就憎恶。在我看来，只有这才叫作生活。

——[俄国]安东·巴甫洛维奇·契诃夫

5.22

孟武伯问孝，子曰："父母唯其疾之忧。"

——春秋·孔子

孟武伯问孔子："到底什么才是孝？"

孔子说："孝道很简单，你只要想到当你病的时候，你的父母那种着急的程度，你就懂得孝了。"

当父母看到孩子生病了，那种忧愁有多么深刻，你要去体会这种心境。

孔子其实是对孟武伯说，当我们对父母能付出当自己孩子生病的时候那种程度的关心，才是"孝"的真义。

孔子的这个回答，揭示了"孝"的内核，近似于今天我们常提的"爱"，他指出了孝顺的真谛，在于共情与换位思考。常言道："不当家不知柴米贵，不养儿不知父母恩"。只有自己成为人父人母后，才能体会出来。所谓孝，就是对父母"爱"的回报。你只要记得自己出了事情，父母那么着急，而以同样的心情对父母，就是孝。

5.23

只有那些善于滑翔的鸟类才能飞得远。

——英国谚语

日本近代有两位一流的剑客，一位是宫本武藏，一位是柳生又寿郎。宫本是柳生的师父。当年柳生拜师学艺时，曾就如何成为一流剑客请教老师。柳生说：“以徒儿的资质，练多久才能成为一流剑客呢？”宫本答：“至少要10年。”柳生觉得10年太久，就说：“如果我加倍努力，多久可以成为一流剑客？”宫本答：“20年。”柳生一听，还以为自己努力不够，就说：“如果我夜以继日、一刻不停地练，多久能成为一流的剑客？”宫本答：“如果这样的话，你只有死路一条，哪里还能成为一流的剑客。”柳生越听越糊涂，真有些丈二和尚摸不着头脑了。这时候，就听宫本说：“要想成为一流剑客，就必须留一只眼睛给自己。一个剑客如果只注重剑道，不知道反视自我，不断反省自我，那他就永远成不了一流的剑客。”宫本不愧为一流剑客，字字珠玑，让柳生顿开茅塞。

5.24

幸运所需要的美德是节制，而厄运所需要的美德是坚忍，后者比前者更难能可贵。

——[英国]弗朗西斯·培根

西谚云：无灾无殃的人为好运所恼。

我们谈论人生本身的方法，会影响我们的未来。我们怎么形塑世界，就怎么形塑自己。我们怎么面对世界，就看见世界怎样的面貌。浮躁会终结自己的好运气，令我们心里舒坦不少。面对现实吧！我们可以自我救赎免于沉沦，承担得起绵绵无尽的幸运。

5.25

君子务本，本立而道生。

——春秋·孔子

当你身处职场的波涛汹涌中，面临挑战与困境时，请紧紧把握住初心，因为工作的初衷只是为了生活，为了那份纯真的期待——得到生活的馈赠。你正在为自己的未来挥洒汗水，为了那份对美好生活的热切向往。这个真理犹如一盏明亮的灯塔，照亮我们前行的道路，让我们在忙碌的生活中找到坚定的方向。

5.26

生命中最伟大的光辉不在于永不坠落，而是坠落后总能再度升起。

——[南非]纳尔逊·罗利赫拉赫拉·曼德拉

日子会有好坏，天气会有冷热阴晴。但是人类身体具有复原的神奇能力。手指割伤、腿部擦伤或患了热感冒时，身体懂得如何自我治疗，这种“智慧”非我们的智力所能理解。我们往往见到问题树，却不见单纯喜悦之林。

5.27

如果我们不尊重孩子，而只是以奖赏引诱他，或以惩罚威吓他，那么我们便是助长了他获得利益的观念和恐惧感。由于我们自己所受的教养，是为了有所收获才采取行动，所以，我们不知道有一种不含有获取利益之欲望的行动。正确的教育，是鼓励孩子对他人尊重体谅，而无须任何的诱饵和威吓。

——[印度]吉杜·克里希那穆提

5.28

当一个人放下自己，甚至向悲伤屈服时，他的痛苦也就消失了。

——[法国]安托万·德·圣-埃克苏佩里

每当我陷入忧伤、嫉妒、愤怒等痛苦的情绪时，我都会提醒自己，这些情绪是人生的一部分，是自然的。如果我拒绝这些痛苦情绪，不让它们自然流淌，它们只会变得更加膨胀和剧烈。此外，当我选择屏蔽悲痛、恐惧或是仇恨等负面情绪时，我也限制了自己体验喜悦、幸福、爱等积极情绪的能力。因为情绪的通道是相通的，当我阻挡了一部分（痛苦的）情绪时，我实际上也在间接阻碍其他（积极的）情绪的流动。

痛苦的情绪在人生中是无法避免的，因此当我拒绝接受它们时，我其实是在拒绝人性的一部分。一个完整且令自己满足的人生（幸福的人生）需要我们去感受所有正常人都会感受到的情绪。我需要让自己全然为人，允许自己在人生的情感光谱中自由流动。

5.29

你们的孩子，都不是你们的孩子，

乃是“生命”为自己所渴望的儿女。

他们是借你们而来，却不是从你们而来，

他们虽和你们同在，却不属于你们。

你们可以给他们以爱，却不可给他们以思想，

因为他们有自己的思想。

你们可以荫庇他们的身体，却不能荫庇他们的灵魂，

因为他们的灵魂，是住在“明日”的宅中，那是你们在梦中也不能想见的。

你们可以努力去模仿他们，却不能使他们来像你们，

因为生命是不倒行的，也不与“昨日”一同停留。

你们是弓，你们的孩子是从弦上发出的生命的箭矢。

那射者在无穷之中看定了目标，也用神力将你们引满，使他的箭矢迅疾而遥远地射了出去。

让你们在射者手中的“弯曲”成为喜乐吧；

因为他爱那飞出的箭，也爱了那静止的弓。

——[黎巴嫩]纪伯伦·哈利勒·纪伯伦

5.30

锅中鳟远胜海中鲑。

——爱尔兰谚语

5.31

我生怕自己本非美玉，故而不敢加以刻苦琢磨，却又半信自己是块美玉，故又不肯庸庸碌碌，与瓦砾为伍。

——[日本]中岛敦

“约拿情结”就是对成长的恐惧。它源于心理动力学理论上的一个假设：“人不仅害怕失败，也害怕成功。”其代表的是一种在机遇面前自我逃避、退后畏缩的心理，是一种情绪状态，并导致我们不敢去做自己本来能做得很好的事，甚至逃避发掘自己的潜力。在日常生活中，约拿情结可能表现为缺少上进心，或称“伪愚”。它的存在也许有一定的合理性。不过，从自我实现的角度来看，这是一种阻碍自我实现的心理障碍因素。

只看见那开花心的丁香，还有那六月的绵绵细雨在窗格上沥沥。

6.1

一个功能良好的心理结构，最重要的来源是父母的人格，特别是他们以没有敌意的坚决和不含诱惑的深情去回应孩子驱力需求的能力。

——［美国］海因茨·科胡特

6.2

逃离脆弱，就是逃离本质的天性，徒劳地想变成我们所不是的样子。

——佚名

脆弱不是缺点，不是一时的毛病，不是我们能设法去除的，也不是一种选择，而是自然状态底下恒常可见的伏流。逃离脆弱，就是逃离本质的天性，徒劳地想变成我们所不是的样子，尤其是关上体会别人悲伤的心门。更严重的是，拒绝脆弱就是拒绝人生每个转折所需的帮助，停下我们身份中本来如潮起潮落般的必要对话。

我们成熟后唯一的选择是如何与脆弱相处，如何借由亲近消亡而变得更强大，变得更勇敢，变得更悲悯。我们唯一的选择是像普罗大众面对失去时那样，全然处于脆弱里，否则就会像守财奴和抱怨鬼，总是站在存在的门槛前踌躇害怕，从来不敢大着胆子登堂入室，从来不敢冒险，从来没有完全走进那道门里。

6.3

能量跟着注意力走。

——谚语

内心的渴望就像磁铁一样，吸引着与之相应的现实。我们想象中的美好越鲜明，就越容易将其变为现实。当内心充满阳光时，自然会吸引更多美好的事物进入生命。然而，内心的天空并非总是晴朗无云，有时也会乌云密布。无论遇到何种困难和挑战，我们都应该保持乐观和积极的态度。我们要坚信内心的渴望能够吸引对应的现实，用勇气和信心去驱散内心的阴霾，让希望和阳光重新照亮我们的人生道路。

6.4

幸福不在于我们拥有多少，而在于我们享受了多少。

——[英国]查尔斯·司布真

当基本需求得到满足后，真正能深入我们内心、为我们带来持久幸福感的，是积极的生命体验，而非物质财富的积累。虽然积极体验的时间可能短暂，但我们可以通过回忆和交流，不断回味这些积极的情感经历，从而获得二次享受。不过，幸福感并不会凭空降临，它需要我们积极寻找和创造。因此，掌握获取幸福的能力，是一种需要学习和培养的技能，也是我们在追求人生真谛、探寻生命意义的旅程中不可或缺的。

6.5

很多时候，人不能只随着自己的思想。

——[黎巴嫩]卡勒德·胡赛尼

思想如同一艘穿越时空的非凡之舟，无视时间和空间的限制，悠然航行在历史的长河中，探索着未来的奥秘。它带领我们穿越当下的界限，无所畏惧地驶向未来的彼岸。它激发了我们内心的激情和热情，鼓舞我们勇敢前行，追求那些更为崇高的目标和理想。

6.6

我曾七次鄙视自己的灵魂。

第一次，当它本可进取时，却故作谦卑；

第二次，当它在空虚时，用爱欲来填充；

第三次，在困难和容易之间，它选择了容易；

第四次，它犯了错，却借由别人也会犯错来宽慰自己；

第五次，它自由软弱，却把它认为是生命的坚韧；

第六次，当它鄙夷一张丑恶的嘴脸时，却不知那正是自己面具中的一副；

第七次，它厕身于生活的污泥中，虽不甘心，却又畏首畏尾。

——[黎巴嫩] 纪伯伦·哈利勒·纪伯伦

6.7

只管去做。

——耐克广告语

行动非常重要！左思右想、执迷不悟的时间不如拿去助人。

多少次我们越想越消极，消极过了头，认为没人能帮得了我们。其实我们多半有点头绪可自救。我们经常陷入消沉的旋涡，所以一旦陷入便有迹可循……例如，反复思考同一想法，以为多想几次就能找出解决之道；开始退缩孤立，花更多时间反复思考；沮丧不已。察觉到上述迹象，应立刻起身，为人服务。只有自己才能激励自己采取行动。

6.8

人生最重要的不是以你的所得做投资，因为任何人都可以这样做。真正重要的是如何从损失中获利。这才需要智慧，才显示出人的上智下愚。

——[英国]威廉·博莱索

反脆弱，是作家纳西姆·尼古拉斯·塔勒布创造的一个概念。“脆弱”的反义词是什么呢？是“反脆弱”，而不是通常所理解的坚强或者坚固。比如你去健身，几天后就会身体酸痛。不过，随着你持续不断地健身，你的身体会慢慢变得强壮。锻炼的本质是通过适度拉伤肌肉来增强肌肉。什么人具备“反脆弱”人格？就是那种从逆境和厄运中获益，获得成长的营养，让自己因此变得更好的人。

6.9

一旦决定，就不再操心。

——[美国]哈里·S·杜鲁门

在人生旅途中，我们常常面临各种决定和挑战。最终的决定可能会改变我们的生活轨迹，但更重要的是我们是否有勇气和决心去承担后果。

为既定之事担忧是一种无益的逃避行为，它只会让我们陷入困扰和不安，无法应对后果并及时止损。而“事后诸葛亮”则会让我们的生活停滞不前，徒然浪费时间和精力。

只有勇于面对后果，敢于承担责任，我们才能成为生活的真正主人。承认自己的错误和不足是一种勇气和智慧的体现，因为这代表着我们有重新开始的机会和勇气，能够从失败中汲取经验，不断成长和进步。

6.10

别忘记爱你自己。

——[丹麦]索伦·克尔凯郭尔

你会因为伴侣的演讲稍有瑕疵而责怪她吗？你会因为朋友在一次考试中未能发挥出色而贬低他的能力吗？你会因为

家人在某项比赛中未能摘得桂冠而动摇你对他们的爱吗？我想这大概率是不会的。然而，当我们自己的表现未能达到预期时，我们常常会将自己贬低为能力不足甚至是彻底失败的人。

在佛陀的洞见之中，爱自己与爱他人并无分别。佛经中提道："慈悲就是将自己与他人平等相待。"一个人能否对自己怀有慈悲之心呢？首先，我们必须自爱，然后才能以炽热的愿望去拥抱他人。从某种程度上说，高度的慈悲心其实就是自爱的更大范围的延展。因此，一个强烈自我厌恶的人很难对他人展现真正的慈悲，因为他缺乏一个切实、稳固的起点。

6.11

驴、王和我
明天都会死去。
驴，饿了；
王，很无聊；
我，因为恋爱而……
时值五月。

——[法国]雅克·普莱维尔

6.12

可以说，我们遇到的所有人生大事，都是头一遭。

——佚名

“初次体验”被严重低估了。我们常常认为，只有计划周全、无所不知以及深谙世故才是高级的生活方式，我们渴望展现出这种“高级”的姿态。然而，当我们醉心于这种“高级”姿态时，却往往忽视了生命中那些最初的、纯真的体验。这些体验是我们生命中最有价值的部分，它们如同一颗颗晶莹的露珠，折射出我们生活中的惊喜和美好。它们让我们感受到生命的奇妙和无限可能，让我们得以拥抱人生的伟大时刻。

6.13

丧偶的人与别人谈论自己去世的配偶越多，他们的健康问题就越少。虽然经过一段时间之后，他们仍能感到痛苦，但他们已经可以继续正常生活。

——佚名

我们只有把悲伤全部表达出来，才能真正地从悲伤中走出来。

哀伤治疗过程包含四个阶段：接受事实，处理哀伤与悲痛，调整失去之后的生活，以及继续前行。如果没有经历这四个阶段（没有按照顺序，或是重复同一个步骤），就将阻碍恢复的过程，并且有可能导致长期的并发症。

哀伤并不只限于失去亲人这一种状况。哀伤可能是因为我们一个重要关系的破裂，我们深深关心的一个好友移居远方，或是我们丢掉了一份工作。而体验应对哀伤的四个阶段能够帮助我们从哀伤中恢复，在失去后成长，不管是哪种失去。

心理学家弗洛伊德认为，被压抑的情绪，并不会消失，而是最终会以更加不堪的形式爆发出来，所以不要压抑自己，要选择恰当的方法疏导，让这股能量表达出来。疗愈悲伤的最好方法，就是把悲伤完整的叙述出来，接受它，正视它，理顺它，以一种积极的态度向前看。

6.14

焦虑夹在“现在”和“过去”的中间。

——佚名

焦虑的解药不是勇敢地用快乐替自己打气，而是勇敢地去注意身体和呼吸，隔绝我们受到禁锢的想法和说辞，甚至更妙的是去注意焦虑本身，注意我们抓着概率的方式，会发觉绝望从一开始就不为我们所有，不为我们所握。禅宗教我们专心呼吸，体察呼吸。能够感觉到呼吸才能领悟呼吸不只是一吸、一吐、一吸、一吐。知觉引领我们发现：如果任身体为我们呼吸，吸气和吐气间尚有空间。人多半未感觉到自己在呼吸，这要感谢自律神经系统，如果感觉得到，便不会注意到吸吐间的空间。知觉点亮了空间，我们这才明白，“之间”尚有余裕。

6.15

我不再把爱、恨、愤怒、嫉妒、野心、慈悲等情绪视为人性的缺陷，它们与冷、热、风、雷一样，只是一种自然属性。

——[荷兰]巴鲁赫·斯宾诺莎

6.16

人类的本质不在抵达，而是将至未至。

——[英国]大卫·惠特

《慰藉之书》中提到接近是我们总是保持的状态：接近快乐、接近彼此、接近离开、接近落泪、接近天神、接近灰心、接近完成、接近开口、接近成功，甚至是——怀着至高的满足感——接近放弃整件事物。

6.17

幸运的时机好比市场上的交易，只要你稍有延误，它就将掉价了。

——[英国]弗朗西斯·培根

那些习惯抱怨生活的人，只有在面对卓越之人时，才会展现出自己最好的一面。而那些感叹自己没有好运气的人，总是将注意力投向错误的方向。

与其没完没了地抱怨生活、感叹时运不济，不如珍惜眼前的相遇。身边的人是我们生命中的珍宝，我们应该学会珍惜和尊重他们。在人生旅途中，每一次邂逅都是宝贵的，无论是已经发生的还是未曾出现的，它们都是生命诗篇中不可或缺的篇章。曾经的每一次邂逅都已成为人生旅程的一部分，而未来的邂逅正是由现有的邂逅孕育而生。我们对别人的珍视，也会换来别人对我们的珍视。

6.18

比起别人如何看自己，我更关心自己过得如何。“不想被人讨厌”是我的课题，但“是否讨厌我”却是别人的课题。

——[日本]岸见一郎、古贺史健

逝者如斯，时光宝贵，切勿为他人虚掷光阴。

要勇于挣脱陈规旧习的束缚，别让世俗之见左右你内心的呼声。

追随心灵和直觉的指引至关重要，唯有它们能让迷途之人找回方向。

在繁华喧嚣的世界中，坚守自己的内心，别让闲言琐事扰乱内心的平静。

6.19

知识结合人性和幽默，可以增添智慧。

——[美国]卡洛·奥洛克

幽默，这一人类智慧的瑰宝，就像一座心灵之桥，横跨在人与人之间，缩短了我们心灵的距离。它以独特的方式触动他人的情感之弦，以和谐的和音化解矛盾，凝聚人心。拥有幽默感的人，具有理解他人深度情绪的独特能力，他们可以站在他人的角度看待问题，展现出宽容与谦逊的人格魅力。

无论是在忙碌的工作中，还是在宁静的闲暇时，幽默都是我们生活中的一剂良药。它让我们在紧张的生活中找到乐趣，让我们在困苦中找到希望。幽默是一种力量，一种能够穿透心灵的阳光，能让我们的生活因笑声而变得更加美好。

6.20

若心灵叫两眼关闭，它们就会什么也看不见。

——[古罗马]吕齐乌斯·安涅·塞涅卡

在一个宁静的午后，一位教师为了让他的小儿子在客厅里安静下来，他翻出了一本旧的杂志，并从中撕下了一张印有世界地图的页面。他将这页纸撕成碎片，然后对儿子说："如果你能将这些碎片拼成一幅完整的世界地图，你将获得5元钱。"

教师原以为这个任务会让孩子至少花费一个上午的时间。然而，不到10分钟，儿子便兴奋地宣布："爸爸，我拼好了！"面对惊讶的父亲，孩子自豪地说："这很简单。在地图的另一面有一个人的照片，我就把他的鼻子、眼睛、嘴巴、耳朵拼在一起，然后把它翻过来。我想，如果这个人是对的，那么这个世界也应该是对的。”

教师的内心被深深地震撼了。他意识到，一个如此简单的思维转变就可以引导我们找到解决问题的方法，甚至可以改变我们的世界。而这正是他一直探寻的生命真谛。

6.21

返老还童，旷日废时。

——[西班牙]巴勃罗·毕加索

毕加索曾说：“我花了四年时间画得像拉斐尔一样，但用了一生的时间，才能像孩子一样画画。”在模仿与学习中，我们如同毕加索一样逐渐崭露头角，技艺日益精进。然而，我们却发现，单纯的模仿并不能让我们获得真正的成就，因为真正的成就是构建在自我风格和独特创意的基石之上的。

只有像孩子一样，保持对世界的热爱与好奇，去勇敢地探索、尝试、创新，我们才能破茧成蝶，蜕变成独一无二的自己。这便是毕加索给我们的启示，也是我们每个人自我成长的必经之路。

6.22

无论我们是被簇拥或孤单一人，
最好的还是处在交叉路口。

——佚名

在人生的纷繁复杂中，为自己构建一处孤单而宁静的避风港，这无疑是个人所能展现的最坚韧、最勇敢的行动。正如但丁所言，“处于人生的中道”，人生的纷繁复杂固然是一种困扰，然而却可以是一种美丽的困扰，如果我们在逐渐爱上的人、事物和生活的纷扰之间，铸造一个坚实的立足点。

于是，我们不再将生活的波折看作是外在的敌人，不再深陷于种种的困扰之中，而是以一种初次探索未知海洋的心态，带着惊奇与勇气去接纳和拥抱它们。我们不再将他人的到访看作是社交的压力，反而视之为一种荣幸。

我们觉醒，无须逃避来自他人的关注、认可和需要；内心拥有无尽的包容，去接纳所有人和事物，这远胜于对抗与冲突，这种接纳并非软弱，而是力量的展现。这是一种对生活的深刻理解，也是一种对自我接纳的体现。

6.23

岁寒，然后知松柏之后凋也。

——春秋·孔子

孔子厄于陈、蔡的时候，绝粮数日，追随他的弟子开始人心动摇，纷纷议论他们是不是已经穷途末路了。

孔子就对学生子贡说：“怎么可以这么说呢？君子通行于正道之上叫通，穷困于正道之上才叫穷。现在我怀抱着仁义正道，却遭到乱世的忧患，怎么能说走到穷途末路呢？因此说，只要内心省悟就不会走上穷途，直面灾难也不会丧失品德。要到岁寒之时，才知道松柏最后凋谢啊！”

子贡惭愧地说：“我真不知天有多高，地有多厚啊！”

6.24

山中何事？松花酿酒，春水煎茶。

——元·张可久

在过去，我们被教导要怀抱雄心壮志，向着无垠的未来扬帆起航。然而，当我们设立了过高的目标，却常常深陷对未来的过度焦虑，只想到远方的目的地，却忽视了脚下的路。这种状态让我们感到无力与困惑，仿佛置身于浓雾之中，找不到前进的方向。

因此，我们必须学会调整自己的状态，不让过度的焦虑和紧张占据心灵，避免无效的努力浪费精力。人生是一场漫长的旅程，既有我们追求的诗和远方，也有脚下泥泞的路。在追逐梦想的道路上，我们应该努力找到梦想与现实之间的平衡，只有脚踏实地，才能真正走向未来，实现内心的梦想。

6.25

将人生视如赴宴，在其中你的举止应当优雅得体。

——[古罗马]爱比克泰德

6.26

一个由衷的赞美可以让我快乐两个月。

——[美国]马克·吐温

在《你把水桶加满了吗？》一书中，卡萝尔·麦克劳德和大卫·梅辛以诗意的故事描绘了人性深处的渴望。他们以一个无形的水桶象征我们的内心世界，承载着每个人的积极思维和情感。当水桶盈满，我们将感到幸福和满足；而当它枯竭，我们则陷入痛苦和不幸。

当我们赞美他人、善待他人或给予他人一个微笑时，我们便在无形中为他们的水桶加水，滋养他们的内心。反之，当我们以贬低、嘲笑等方式伤害他人，我们便是在抽取他们水桶中的水，使他们的内心世界变得干涸。更有意义的是，当我们帮助他人装满他们的水桶时，我们也在为自己的水桶注入活水，实现心灵的互惠互利。

无论你身处何方，无论你的身份角色如何，你都可以成为一位“加水的人”，以你的言行举止为周围的人和自己添加生命的活水。让我们的水桶始终保持盈满，以充满爱和希望的心态，去拥抱每一个美好的时刻。

6.27

我能否用叉棍扯下太阳，或阻止太阳东升西落？

——毛利人谚语

许多人常常低估了自己内心深处的控制欲望，这种欲望如同隐形的枷锁，在生活中无处不在。当孩子或伴侣的行为稍有不如意，我们可能会感到失望甚至愤怒；当面对分歧时，我们总会忍不住想要决出是非黑白。这些情感挣扎与内心困惑，正是控制欲的明证。

然而，过度的控制欲只会让生活这艘船偏离航线，从而迷失方向。正如俗语所说，弓满易折，弦紧易断。我们需要明白，在追求完美的过程中，过度的控制欲只会让我们失去更多。只有适度地放下，才能容纳更多。只有在适度的控制与接纳中，我们才能让生活这艘船航行得更稳、更远。因此，让我们学会在人生的航程中，寻找那份张弛有度的智慧，让心中的船帆在适度的风浪中扬起，向着更远的彼岸航行。

6.28

俭朴与其说是一种美德，毋宁说是一种智慧。

——[俄国]列夫·托尔斯泰

在现代都市的繁华陷阱中，人们仿佛被物质的绳索紧紧束缚，无法挣脱。空气中的“加法”因子如同一个无形的推手，驱使着人们如蜜蜂般忙碌地追求金钱和物质。这种周而复始的循环仿佛已经成为现代人的生活方式。

然而，电影《黑客帝国》不断提醒我们要时刻反思这种被虚幻所奴役的生活。在电影中，生活在“锡安”的觉醒者们坚决拒绝虚拟真实的诱惑，选择回归生命的“真实”状态。这让我们思考，在现代社会中，我们是否过分沉迷于虚幻和物质，而忘记了生命的本质和真实。

6.29

没有什么是命中注定的：过去遇到的障碍可能会引领你走向崭新开端的大门。

——[美国]拉尔夫·布卢姆

我们无法改变过去，无论其中充满了痛苦还是温馨。历史是一条向前流淌的河，我们无法逆流而上。然而，我们可以选择如何绘制未来的生活画卷。

虽然过去的经历会影响我们的现在和未来，但这并不意味着我们无法改变命运。清晰的自我认知和不懈的努力可以帮助我们打破束缚我们的锁链，让我们得以摆脱过去的阴影。由此，我们可以选择不被过去的阴霾支配，而是成为自己人生的主宰。

6.30

人生中最重要的行动往往就从盛怒中萌芽、产生。

——[法国]奥诺雷·德·巴尔扎克

七月的故事在夏日温柔的晚风里。

7.1

诗既写出，可一再修润，
但光发愁是做不成诗的。

——佚名

我们内心充满了对创造力的热切渴望，仿佛它是一只温顺的野兽，任由我们驾驭与操控。然而，我们似乎忘记了，创造力是生命赋予我们的神秘赠礼，如同晨曦的阳光，无法定制，无法干预。

创造力并非人力所能制造，它的产生如同日月更迭，浑然天成而无法通过干预和掌控来再造。面对这份礼物，我们需要以谦卑的心态去接纳，以欣赏的眼光去看待。

7.2

少量运动的作用和百忧解与利地林一样，而且没有副作用。

——[美国]约翰·瑞迪

运动，如同空气与食物般满足我们生命的原始需求，它是我们天性的舒适剂。当这种自然需求无法得到满足时，我们的身心健康将遭受巨大的损失，如同花朵在缺乏养分的情况下逐渐枯萎。

运动不仅仅是身体的锻炼，更是对心灵的保健。它能够显著降低患心脏病、糖尿病，甚至癌症的风险。研究显示，定期、适度的运动在抗击抑郁症和焦虑症方面，具有与某些强效抗精神病药相同的效果。总的来说，运动能提升我们的注意力和创造力，并显著降低老年人患老年痴呆症和认知缺损的风险。

实际上，一些简单的日常运动，比如走路、爬楼梯、家务劳动、种植花草和遛狗等，也能引发巨大的改变。这些看似微不足道的行动，却如同时间的雕刻，一点一滴地塑造着我们的身心，使我们的身心更加健康、美好。

7.3

士不可以不弘毅，任重而道远。仁以为己任，不亦重乎？死而后已，不亦远乎？

——春秋·孔子

才华与聪明，从来都不是对抗无常命运的预防针。所有的事情，发生在别人身上，叫故事，只有发生在自己身上，才叫事故。人生需要经历一些事，才能通过自我反省获得成长。灾厄、变故、世态炎凉，都会让我们重新认识这个世界，重新审视自己。

作家坎伯曾经写道："我们无法矫治这个苦难的世界，但我们能选择快乐地活着。"达观的人在遇到困境时，能够泰然处之，无论是顺境还是逆境，都一样从容安静，于黑暗之中向往光明，在精神上永远不倒。

7.4

为你所没有的东西而难过，等于浪费你所拥有的东西。

——[美国]小肯·凯斯

许多商业广告企图让我们相信，购买某种产品就能让我们立刻变得引人注目、婀娜多姿，并在人生的各个领域都获得成功。这些广告以其诱人的承诺，向我们描绘出一幅只需照做便能轻而易举地结交朋友或影响他人的美好图景。倘若果真如此，那无疑是一片锦绣。然而，人生并非如这些广告所描绘的那样简单。

生命的美好不仅仅在于外表的改变，而更在于内心的成长和智慧。购买某种产品可能会带来表面的改变，但真正的魅力来自内在的品质，如自信、智慧、善良和勇气。这些品质无法通过购买产品而获得，而是需要我们先去探索、学习和成长才能获得的。

7.5

在生命之路上旅行，拖垮你的不是高山大河，而是你鞋子里的沙子。这些沙子就是你的自怨自责，它们会消磨掉你的乐观和自信。

——佚名

比艰苦工作更令人不堪的，是看不到希望的努力。在西方神话里，众神判处西西弗斯永不休止地把一块大石头滚到山顶，而到了山顶，石头又在自身重力的作用下滚落下去。他们的理由是，再没有比看不到希望的徒劳更可怕的惩罚方法了。当我们面临西西弗斯般的困境时，更需要智慧和“正念”做支撑。

7.6

每当我找到了生命的意义，它就又变了。

——[美国]丹尼尔·克莱恩

生命之路充满曲折，我们无法一蹴而就地从完美主义者转变为最优主义者，就像河流无法瞬间改变方向。随着时间的推移，我们仍会在生命的某些时刻对失败和痛苦感到排斥，无法完全接受自己。

然而，在漫长的人生旅程中，我们可以逐渐拓宽作为最优主义者的生命领域。每次我们勇敢地面对挫折并接纳自身的不足，每次我们敞开心扉拥抱受伤的情感，每次我们心甘情愿地欣赏和享受自己的成就，我们都在朝着最优主义的方向迈进。

这种转变就像春风吹过冰冻的河流，缓慢而坚定，其终会带来生命中一道道美丽的涟漪。尽管在某些时刻，我们仍会怀念曾经的完美主义，但我们已经学会了欣赏和享受生命中的每一个瞬间，学会了在挫折和成功中寻找和把握属于自己的幸福。

7.7

时间如风，方向对了，就能带你到任何地方！

——德国谚语

从深深的困惑之海中辨识困惑，我们便能在每个角落找到清醒的曙光；

将难以释怀的负担放下，我们便能拓宽所有的境遇，使其更为辽阔。

若方向错误，那么停下便是向前的一种独特方式。

心中所愿，心中所想，会引领我们触摸到梦想的边缘。

目标，如同星辰大海，将激发我们内在的巨大力量，助力我们实现幸福生活理想；

一旦明晰了愿望和目标，我们便能更加专注于重要之事，而将那些琐碎的繁杂之事抛之脑后。

7.8

要脚踏实地。要期待奇迹发生。

——[澳大利亚]伊恩·葛劳勒

一位身患绝症、生命垂危的男子，多年前就被医生宣判了死刑，然而他却凭借顽强的生命力挺过了无数个艰难的日子。这类奇迹总是令人动容。然而，我们常常将奇迹看作是罕见的例外，而非生活的常态。实际上，生活中的每一刻都充满奇迹，它们可能是巷口偶遇的老朋友、灾难中唯一幸存的小生命、春天盛开的花朵、清晨鸟儿的歌声，或是朝阳升起时的温暖。

生活就是一场奇迹，我们都是生命的奇迹。每一次呼吸、每一次心跳，都是生命在向我们述说着奇迹。

7.9

担忧危害比工作更烈，因为担忧的人多于工作的人。

——[美国]罗伯特·弗罗斯特

在浓厚的云层下，我们可能难以看见璀璨的星光，但是在云层之外，银河的辉煌仍默默洒向无尽的宇宙。云层虽然遮住了眼前的光明，但是无法抹除外面浩渺无垠的希望。

在这个世界上，没有什么能够永远遮挡住我们的阳光，即使在阴云笼罩的日子里，乐观的信念也会像璀璨的银河一样，穿透黑暗，点亮我们的内心。

7.10

每个大人都曾经是孩子，虽然，只有少数的人记得。

——[法国]安托万·德·圣-埃克苏佩里

有时候，孩子是成人最好的老师。贾科莫·莱奥帕尔迪说：“孩子从无中找到一切；成人在一切中却什么也找不到。”

7.11

若说喜悦是一种很深的爱，
它同时也是对鲜明片刻的参与，
把所爱事物的瞬息存在当作礼物。

——佚名

喜悦是深层意向和自我忘却的交会，是身体的炼金魔法，让我们的内在和先前看似是外在之物（而现在不外也不内）的这两边融合，变成活动的边线，变成在我们和世界之间说话的声音。例如，舞蹈、欢笑、喜爱、肌肤之亲、车上的歌唱、厨房里的音乐，以及女儿无可取代的安静陪伴。我们处于边界醉人的美丽里，一边是我们先前认为是自己的部分，一边是我们先前认为是他者的部分。

喜悦可以来自历尽艰辛的胜利，也可以从天上掉下来。

喜悦是衡量我们与死之间的关系，是衡量我们相应于死的生。喜悦是在需要之前就先给出自己，或是受请托时给出自己；喜悦是慷慨的实践。

7.12

夫哀莫大于心死，而人死亦次之。

——战国·庄子

哀伤多么可贵！它像一把隐形的雕刻刀，在我们的生命中刻下独特的印记，使我们更加珍惜生命的欢乐。人生的色彩，在哀伤的对比下，显得更为鲜艳。哀伤，就像一位智者，用其独特的教诲让我们明白生命的意义与价值。

7.13

刹那与永恒的交会，前一刻与下一秒之间的瞬息。

——佚名

美是在转瞬即逝的刹那，看见或听见外在，而那外在早已深深存于我们的内在。眼睛、耳朵或想象力突然变成一座桥，在此处与彼处之间，在过往与现在之间，在内部与外部之间。美是对话，一边是我们认为外在世界正在上演的事物，一边是我们内在深处正在上演的事物。

美是春天初绽的苹果花海，灿亮的落叶回旋飘坠；双手小心翼翼将白色棉被挂在绳子上通风，平滑的被面洒满阳光，片刻间由微风吹鼓，航向晒干的未来。那未来永远在招手，永远在我们前方一点点。美是对当下的丰收。

7.14

乐观的人在每个危机里看到机会，悲观的人在每个机会里看见危机。

——[英国] 温斯顿·丘吉尔

放下杂念，你便从内心的牢笼中解脱，得到了前所未有的释放。在此刻，你不再为纷繁复杂的琐事所困扰，心灵得以在宁静的港湾中停歇、休憩。这一刻的转变，如同被束缚的鸟儿在获得自由后，欢快地在无边无际的天空中翱翔。你终于可以集中你所有的精力，去探寻那属于你内心深处的真我，让那颗蕴含无限可能性的种子在阳光下萌发，茁壮成长。

7.15

高效真正的敌人不是压力，而是缺乏纪律性以及间歇性的恢复。

——[美国]吉姆·洛尔、托尼·施瓦茨

研究表明，我们每个人的内心深处都有一种与生俱来的“天性”。然而，生活的复杂性使得我们时常在特定的情境下展现出与天性相反的行为。例如，一个内向的人可能为了工作的需要，站在众人面前发表演讲，展现出外向的特质；而一个外向的人，在考试前的复习阶段，可能会选择安静地独自研读，体现出内向的特质。

尽管我们都有能力去对抗天性，但这种行为需要消耗大量的精力。因此，我们总需要在“逆天”和“顺天”之间找到一种微妙的平衡。内向者在演讲之后可能需要一段独处的时光来恢复能量，而外向者在独自学习之后可能需要与朋友交流来恢复能量。我们将这种能量恢复期理解为“加满油再上路”。

这种能量恢复期的重要性不言而喻。如果我们的能量得不到恢复，为了填补这种能量的缺失，我们可能会采取一些不良的应对措施。例如，我们可能会产生暴饮暴食的行为，或者对咖啡因或酒精产生依赖。因此，寻找适合自己的能量恢复机制至关重要。

记住，你需要“加满油再上路”。这不仅是对自己的一种关爱，也是对生活的一种积极态度。通过合理的能量管理，我们可以更好地应对生活中的各种挑战，实现自我成长与提升。

7.16

心似已灰之木，身如不系之舟。

问汝平生功业，黄州惠州儋州。

——宋·苏轼

苏轼因“乌台诗案”而被迫害，最终被贬黄州。苏轼晚年，又从惠州被贬为琼州别驾，谪居海南三年，主要生活在儋州。苏轼身居黄州、惠州、儋州时期，也是他一生中的最苦难阶段。

好在以苏轼为代表的中国古代文人在面对境遇变化时，会用一种通达的人生态度来调解自己。在《庄子·列御寇》中有这样的话：“巧者劳而智者忧，无能者无所求，饱食而遨游，泛若不系之舟，虚而遨游者也。”意思是，才智出众的人，会为才智所累，而无能者无所冀求，饱食终日，闲而遨游。无所羁绊，如一艘不系之舟逍遥自在，适意洒脱，顺性而动。这不可单纯理解为一种“阿 Q”式的精神胜利法，因为其中蕴含着一种“留得青山在”的积极思维的方法。

7.17

人越了解宿命，生存越是为了实践宿命。

——[巴西]保罗·科埃略

当我们挣脱自我束缚，勇敢地拥抱内心深处的和谐，接受生命中的一切，并相信这一切都是最好的安排，我们就已经踏上了探索生命奥秘的旅程。生命的奥秘并不在于挣扎与迷失，也不在于强求与疲惫，而在于对命运赋予的一切心存感激。

当我们以平和的态度，微笑着接纳生活的变化与起伏，我们就会发现，原来我们的生活，就是最美的诗篇。

7.18

人类主要义务乃取乐自己。

——[美国]西德尼·丁·佩雷尔曼

“我好快乐！”这句话我们说过几次——而且出自真心？数年前，我决定只和喜欢跟我做伴的人在一起。这并非意味着我不和人互动或待人不热诚，而是我领悟到时间宝贵。当我有空与人相聚，我便想和喜欢我且我也喜欢的人共度。但这个决定确实代表我不愿和某些人在一起，而这些人数目还真不少。

我们太常忘记如何取乐自己，和谁一起作乐。我们期待兴奋和娱乐，却忘了取乐。取乐比兴奋或娱乐要静，消遣是主动的。我们无法坐下来往后一靠，被动地观赏，从而获得开怀之快，而必须主动参与才能取乐。

还记得小时候看蚂蚁搬东西回家的滑稽模样吗？当时的我们乐在其中。

7.19

现代人渴望的不是为所欲为的自由，而是免于忧患和担心的自由。

——[美国]詹姆斯·查斯洛·亚当斯

自由——一个多么令人振奋的词！它让我们脊梁挺直、步伐坚定，带着豪情壮志毅然前行。但在各种自由中，最值得珍视的是精神自由。

精神自由是我们价值观和信仰的翅膀，它赋予我们在思想的世界里自由翱翔的能力。精神自由促使我们探索生命的真谛和价值，它是我们心灵的港湾，是我们面对现实世界时的保护盾。

在追求精神自由的道路上，我们学会了如何在逆境中找到出路，学会了如何在挫折面前保持坚韧乐观的态度。精神自由使我们在困境中保持清醒，不会迷失自我，并始终保持对生命真谛的追求。

7.20

别的队伍总比自己所在的队伍移动得快！

——[美国]爱德华·墨菲

为何在超市排队时，我们总能选中最慢的那支队伍？这并不仅仅是运气不好，而是我们更容易对不愉快的经历产生共鸣。根据心理学家的观察，我们似乎更容易注意到自身的不足和不幸，而常常忽略自身的优点和幸运。在排队时，如果我们排的队伍移动得很快，我们会关注即将到达的终点，而不会太在意队伍的速度。然而，如果我们的队伍移动缓慢，我们更容易注意到这个情况，并在心中不断强化“我总是排在最慢的队伍”的想法。

所以，下次在超市排队时，你可以尝试转变自己的观念。尽管你所在的队伍可能移动缓慢，但你知道这是再平常不过的事情，你就不会那么焦虑了。就像看待梅雨季节的雨水，你会知道这只是一种自然现象，不会因此而生气。把事情看作平常，就不会再轻易产生负面情绪了。

7.21

我们想得太多，却感受得太少。

——[英国]查理·卓别林

苏格拉底曾经说：“浑浑噩噩的生活不值得过。”亚里士多德则将人类描述为“理性动物”。他们都说对了，但他们对人类的认知还不完全。除了思考的能力，我们还有感受和体验的能力，然而我们经常忽视自己这方面的天性。现代社会中，科学和理性并存，科技占有卓越地位，我们会经常摒弃自己天性里感性的部分。尽管只有幻想和情绪化的人生是不完整的，但人生中如果只有无尽的评估及被控制的情绪，其实也是不健康的。

当我将思维和感情相结合时——关注我所爱的人、美食、花香、当下每一刻及每一天的生活，我才逐渐变得完整。我告诉自己，我也是一个“感性动物”。没有感情的生活是没有意义的。

7.22

木矛有不敌的时候，舌锋却永保锐利。

——毛利谚语

一些人的沉默如同冬日的雪，深藏于心灵深处。一旦春日暖阳洒落，它们便瞬间融化成话语的洪流，滔滔不绝。另一些人则习惯倾听，却深信自己所说的每一个字都如同珍珠般宝贵，是值得细细品味的美酒。还有一些人，长时间的压抑和郁积让他们的内心变得沉重而压抑。当他们开口说话时，这些被抑制的情绪就如同高压锅内的蒸汽一般，猛然喷出，却可能与他们当前的处境毫无关系。

言语，是心灵的镜子，也是一个人特性的体现。有时，言语所表达的，甚至会出乎我们自己的意料。

7.23

对着瞎马点头和眨眼，白费力气。

——爱尔兰谚语

不必为未知的未来忧虑，因为每个生命都能得到其希冀与所需的一切。我们所焦虑的，只是那些我们当前所拥有的事物，如生命或收获。然而，当我们洞悉生命的旅程与世界的旅程源于同一只手的指引时，这种忧虑便会烟消云散。

7.24

忧虑就像摇椅，让你有事做，却做不成什么事。

——[美国]伊雯·艾沙

我热爱摇椅！前后摇摆，尽情放松，忘却所有烦琐，只需享受前摇、后摆的自在。摇椅宛如荡秋千，触发儿时的美好记忆。荡秋千时，风声呼啸，心跳加速，腿伸直的瞬间，发丝飘逸。那份平静，仿佛风与摆荡已将尘埃清扫，我们悬浮空中，双眼紧阖，荡至天际。

或许摇椅的魅力在于其无法前往任何地方，却能帮助我们抵达内心的平静。人间多些摇椅，或许便可减少些许烦恼。

7.25

简化！简化！简化！听我的，把千百件事情减少到两三件。与数到100万相比，你数到6就够了。

——[美国]亨利·戴维·梭罗

数量过多，亦会降低质量，此乃“物极必反”之理。每件事都含有让我们幸福的潜质。然而，过多的事物并行，却可能引发不快。事物不论多么美好，一旦过量，带给我们的就不再是欢愉，而是煎熬。

世事纷繁，压力如山。删繁就简，以简驭繁，恰恰是智慧的体现。若生活过于喧嚣，适当减少事务，让生活轻盈化，反而能提升我们的幸福感，同时激发创新力量，使我们走向更大的成功。

7.26

一个人如果能够控制自己的激情、烦恼和恐惧，那他就胜过国王。

——[英国] 约翰 · 弥尔顿

7.27

生活原来就是无法掌控。

——佚名

许多人在生活中都感到自己的存在如同一艘失去舵手的航船，只能随着生活的洪流任意漂泊，无助而绝望。这种深深的无力感，就像躺在病床上，身上插满各种维持生命延续的管子的病人一样，内心深处的痛苦和无助，无法用言语来形容。

我们坚信人生的可掌控性，这可能是人们对人生最大的误解。我们的父母和老师教导我们，只要努力就能掌握生活。这或许也是他们的误解。人生本就是一场无序的旅程，充满了意外与不确定性，而我们可以做的，就是积极参与其中，体验每一个瞬间、每一个挑战、每一个喜悦。这就是生活的全部意义。

7.28

沉默并非静止，而是保留给自己的潮汐和季节变化。

——佚名

从静默的深渊中挣脱出来的，是全身心的觉醒，它以内在的旋律与生命的节奏共鸣。这静默如深海之珠，闪烁生命的智慧。它沉睡在每个人的内心深处，如潮汐起伏，如季节轮换，展示着独一无二的内在本性。

生命的觉醒之旅，需要一种全身心的投入，一种毫无保留的付出。勇敢地面对每一个瞬间和永恒，拥抱万物的一切可能。这不仅是一种勇气，也是一种觉悟，是对生命和存在的深深理解。在这样的投入中，我们找到了力量的源泉，找到了无尽的可能。这就是生命的智慧，这就是我们在生活中追求的意义。

7.29

美仍在那儿，并未消失，然而我们不再对它开放胸怀了，它被我们每日单调的生活所吞灭了。由于我们内心枯萎，忘了何谓仁慈体谅，忘了如何观看星辰、树木、水中倒影，因此我们需要借着图画、珠宝、书本以及无穷无尽的娱乐以获得刺激。我们不断地寻求新的刺激、新的战栗情绪，我们渴求日益繁多的感官刺激。这项渴求与它所获得的满足，造成心智和情感的厌倦与无聊。只要我们寻求的是感官刺激，被我们称之为美或丑的事物便只有极肤浅的意义……

——[印度]吉杜·克里希那穆提

7.30

知人者智，自知者明。

——春秋·老子

伟大的领导者，无论他们是老师、管理者还是父母，都具备一种独特的洞察力，他们能够看到每个人身上的潜力。在人际交往的海洋中，我们也可以通过积极地倾听、观察、理解他人，从而揭开他们身上潜藏的特质，进而帮助他们释放那些潜力。

人的内心就像一片肥沃的土壤，蕴藏着无尽的可能。正如种子需要雨露的滋润和阳光的照耀才能发芽，人的潜力也需要正确的激发和引导才能得以展现。发掘他人的潜力，就是帮助他们寻找到内心深处那颗有潜力的种子，并给予其充足的水分和阳光，让这颗种子得以生根发芽，茁壮成长。

7.31

我以皱纹为荣，视之为不凡的勋章。皱纹是我辛苦赚来的。

——佚名

八月的梦游者，见到过夜里的太阳。

8.1

我的需求与他人不同时，我很难开口表达自己的需求。

——[西班牙]雷依

人多半不易表达自己的需求，我们的需求不同于他人，以及需求和他人互相抵触时，更是难上加难。但表达需求是尊重自己和尊重他人的方式之一。

了解自己有需求，也有权利有所需求，就是自我尊重。需求无法满足也无所谓，但是不了解也不承认自己有需求，需求便无满足之日。

表达需求也代表尊重他人，因为我们借此让他人了解我们，让他们有机会亲近我们。不给人机会，尤其是不给亲朋好友这种机会，等于不尊重他们！

向别人表达我们的需求，是最尊重他人不过了。

8.2

完美的爱情很稀有，这需要你的爱人不断保持智者的敏锐、孩子般的灵活、艺术家的多愁善感、哲学家的理解力、圣人的包容、学者的忍耐，以及坚忍不拔的毅力。

——[美国]利奥·巴斯卡利亚

在浩瀚的宇宙中，我们的心灵被美好的文章、诗歌、音乐和电影所滋养，它们描绘了圣洁而纯美的爱情，如同夜空中最明亮的星辰。然而，我们须警惕，这并非现实的生活。在艺术的舞台上，那些尽善尽美的描绘，那些激昂热烈的情感，它们是真实的，却并非全部真实。如果我们试图在生活中复制电影中的某一个细节，最后的结果可能会让我们深感失望。因为，艺术并非完全的生活，生活比艺术更复杂，更琐碎。

我们需要爱，需要那些像歌曲、电影、书籍和诗歌中赞美过的爱情。但是，我们更需要的是那些在平凡生活中磨砺出的真实爱情，那些在风雨中相互扶持、在岁月里默默付出的爱情。这样的爱情，也许没有那么浪漫，那么热烈，但它是真实的。

8.3

天命就是你一直期望去做的事情。人一旦步入青年时期，就知道什么是自己的天命了。在人生的这个阶段，一切都那么明朗，没有做不到的事情。人们敢于梦想，期待完成他们一生中喜欢做的一切事情。但是，随着时光的流逝，一股神秘的力量开始企图证明，根本不可能实现天命。那是表面看来有害无益的力量，但实际上它却在教你如何完成自己的天命，培养你的精神和毅力。

——[巴西]保罗·科埃略

8.4

吾十有五而志于学，三十而立，四十而不惑，五十而知天命，六十而耳顺，七十而从心所欲不逾矩。

——春秋·孔子

孔子说这段话时，已经七十多岁了，这是他在即将告别人世之前，对自己生平的回顾。

孔子说，自己到十五岁才知道下决心学习（礼乐）。到了三十岁，孔子因“知礼”而成为名人。孔子三十岁那年，齐景公和晏婴到鲁国访问，这两个大国领导人都向孔子请教礼，孔子已经名满天下。孔子在三四十岁这个阶段，主要是教书。读书和教书的过程，让脑力得以进一步开发，对世事看得更加透彻，这就是“不惑”。孔子到了五十岁的时候，认为自己领悟到了上天赋予自己的使命。他认为时机已经成熟，自己可以出来当官了，最终出任鲁国的大司寇。直到六十岁的时候，孔子才能听得进去所有的声音，包括逆耳忠言和顺耳赞美。到了七十岁的时候，心理修养达到了最高境界，说话、做事想怎么样就怎么样，也不会违反道德，违反周礼。

8.5

福生于隐约，而祸生于得意。

——汉·刘向

有一只小鸟，为求生存，振翅飞往南方过冬。然而，冬日的严寒却还是让它几近丧命。在一块荒芜的空地上，它终于挺不住沉睡过去。正当命悬一线之时，一头牛经过，无意间留下一堆牛粪，覆盖在小鸟的身上。粪堆中的小鸟，开始感受到一丝的温暖，逐渐苏醒过来，它享受着牛粪带来的温暖，竟然安逸地唱起了歌。一只路过的野猫听到了歌声，走过去查看。野猫循着声音，不久就发现了躺在粪堆里的小鸟，最后把它拽出来吃掉了。

贪图一时的温暖，往往会让我们失去更宝贵的东西。这只小鸟，因暂时的温暖而遗忘了初心，甚至忘记了自己为何飞向南方，其结局令人唏嘘。在生活中，我们是否也会因为瞬间的安逸而忘记最初的追求。

8.6

人就这么一辈子。

这句话，听来简单，说来容易，内涵却很深沉。

它能使人在软弱时变得勇敢，骄傲时变得谦虚，颓废时变得积极，痛苦时变得欢愉，对任何事拿得起也放得下。

世间的劳苦愁烦、恩恩怨怨，如有不能化解的、不能消受的，不也就这短短的几十年就烟消云散了吗？若是如此，又有什么解不开的呢？

如果你是英雄，便要创造更伟大的功业；如果你是学者，便要获取更高的学问；如果你爱什么人，便要大胆地告诉她。

因为今日过去便不再来了；这一辈子过去，便什么都消逝了。一本书未读，一句话未讲，便再也没有机会了。这珍贵的一辈子，你必须好好地把握住它啊！

你可以积极地把握它，也可以淡然地面对它。想不开时想想它，以求释然吧！精神颓废时想想它，以求感恩吧！因为不管怎样，你总是很幸运地拥有这一辈子，不能白来这一遭啊。

——刘墉

8.7

过于靠近一个噬魂怪，你的任何良好感觉、任何快乐的记忆都会被它吸走。如果做得到的话，它会长期靠你为生，最后将你弄得跟它一样——没有灵魂，而且邪恶，留给你的只有你一生中最坏的记忆。

——[英国] J.K. 罗琳

8.8

幽默是具有智能、教养和道德上优越感的呈现。

——[德国] 弗里德里希·恩格斯

可曾想过幽默就是尊严的肯定？我们看到，那些人气最旺的电视节目主持人不是最英俊或最漂亮的，也不是最深刻或最煽情的，而是最幽默的。如今，就连管理者也请专家列出幽默的招数和套路，希望我们的管理者也能学会幽默，从而增加亲和力，使工作更有效率。幽默是多重空间短暂地挤压入线性时空。正经八百过日子的人尚未识得人生真味。

8.9

牧羊人总会遇到风险，要么是狼群，要么是干旱，恰恰是这些使放牧生涯更刺激。

——[巴西]保罗·科埃略

不管发生什么，都别委屈自己。每个人都有灰头土脸的时候，长舒一口气，有什么大不了的，也没什么过不去的。岁月还长，别太失望。这样须臾万象的世界，唯记得我们仍是如此热爱它。

8.10

将游戏的心态融入生活，或许是完整的人生最重要的因素了。

——[美国]迈克尔·斯图尔特·布朗

在年幼的时光里，我们宛如天真无邪的精灵，无忧无虑地在绿意盎然的田野上嬉戏玩耍。然而随着时光流逝，那些充满欢声笑语的时光似乎渐行渐远，成为记忆中那抹淡淡的金色。

然而，生活的乐趣是我们在漫长岁月里不断前行的动力源泉，它是人生的调色板，为我们的生活描绘出更多五彩斑斓的色彩。无论我们肩负着何等重要的责任，只要我们的生活始终被忧郁的阴影所笼罩，缺乏乐趣与愉悦，那么我们的内心就将在无尽的虚无中迷失方向，失去生活的本真和热情。

8.11

幽默是平静中回想起的纷乱情绪。

——佚名

情绪纷乱当头，完全无法看出我们的举止多可笑，当时的状况多可笑。人类发展的技巧之一，是化轻松简单为沉重严肃，而且设法说服自己，重要的事不可能好笑。学习经验或面对人生时，其情境必然痛苦，或起码是严肃的。

情绪纷乱时的我们难得停下来看看自己多可笑，亲友劝我们想开一点，我们不禁悲从中来：他们竟敢小觑一场可能发生的悲剧！

切记，人生由一连串事件组成，是我们自己把它们导成悲剧的。

能看出自己多可笑时，才可能发现自己的可爱之处。

8.12

当我悦纳自己时，我才会有真正的改变。

——[美国]卡尔·兰塞姆·罗杰斯

在情绪的巨浪袭来时，我们有三种基本的选择：拒绝并试图压制情感，即自我否定和情感排斥；盲目地被情感支配，缺乏深思熟虑；或是最后一种，接纳并理智应对，根据周围环境做出最佳决策。

最后这种策略，我们称之为“积极悦纳”。在积极悦纳的过程中，首先，我们需要接纳自己的情绪，不是把它们当作异己的存在，而是为它们在我们的内心找到归宿。其次，我们需要做的不是盲目地反应，而是深度思考，尽可能地考虑到各种因素，以便做出最恰当的反应。这种积极悦纳的做法不仅能增加我们的情感智慧，也会提高我们在复杂环境中的应对能力。

8.13

人的一生很短暂，生命很脆弱，我们还需要不断地克服困难，完善自己，绝不能放弃努力寻求生命的意义。

——[奥地利]阿尔弗雷德·阿德勒

两个人遭遇了同样的命运——失去了一条臂膀。然而，随着时间的推移，他们的心境产生了截然不同的变化。一个人深陷绝望之中，觉得自己作为伤残人士已经失去了生存的价值，对生活也失去了信心，心情如同秋叶般枯萎。另一个人则恰恰相反，他的生活充满活力，如夏花般绚烂，并宣称一条臂膀足以应对生活的风雨。

从某种程度上讲，失去手臂的人在生理上是不完整的，但这并不能阻止他们追寻并创造完整的人生。人生的意义不在于肢体的健全，而在于精神世界的丰盈和内在力量的强大。

8.14

当我们还不够成熟，

还没准备好面对，

那么拒绝面对就有助于活在当下。

——佚名

暂时回避，是一种常被低估的状态。在人生的道路上，每当遇到冲突或失落，暂时回避作为一种必要的策略，既是一种保护，也是一种对自我的深情关爱。

在人生中，每个人都无法避免经历暂时回避的时刻。当我们还没有准备好面对时，暂时回避就像一道防线，保护我们免受侵袭，让我们有机会喘息并专注于当下的生活。

暂时回避并不是逃避，而是为我们的成长提供了必要的缓冲期。它促使我们从新的角度看待自己和周围的世界，给予我们足够的时间去思考、去理解、去成长。

8.15

对不同的人来说，同样的世界可以是地狱，也可以是天堂。

——[美国]拉尔夫·沃尔多·爱默生

生命中，潮起潮落，风云变幻，好事和坏事轮番上演。然而，最终决定我们是否幸福的，不是我们遭遇的事情，而是我们选择去关注什么。如若我们只把目光投向负面信息，忽视生活中的美好，那么我们的世界将充满负能量。但若我们选择关注生活中的积极面，那么我们的积极性会如春芽般生长，越来越旺盛，从而开创一个更加美好的未来。

即使在最黑暗的时刻，我们也能找到让自己坚持下去的希望之光。当生活充满明媚的阳光，我们也不应忘记这一切都是难得的礼物，应当心怀感激。

当然，关注积极并不意味着我们要忽视存在的问题和挑战，而是以一种实事求是的态度，接纳生命中的所有色彩，在此基础上，去选择自己的关注点。

8.16

你生而有翼，为何竟愿一生匍匐前进，形如虫蚁？

——[古波斯]莫拉维·贾拉鲁丁·鲁米

纳尔逊·曼德拉在南非监狱待了27年，但是他从未放弃希望。他非常乐观，在内心深处相信种族隔离政策终会消失。当大多数人泄气、放弃时，曼德拉却一直坚信总有一天公平将会到来。

8.17

告诉你的心，害怕比起伤害本身更糟。而且没有一颗心会因为追求梦想而受伤，因为"追寻过程中的每一个片刻，都是和神永恒地邂逅。"男孩对他的心说。"当我真心在追寻着我的梦想时，每一天都是缤纷的，因为我知道每一个小时都是在实现梦想的一部分。当我真实地在追寻着梦想时，一路上我都会发现从未想象过的东西。如果当初我没有勇气去尝试看来几乎不可能实现的事，如今我就还只是个牧羊人而已。"

——[巴西]保罗·科埃略

8.18

忧虑就像捆绑在身上的粗大的绳索，这条绳索是由三股绳编成的：昨天的不幸、今天的磨难和对未知明天的恐惧。它紧紧地绑住了你，压制你的喜乐，夺走你的平安，限制你的自由。但是，这条绳索是可以挣断的！

——[美国]琼·亨特

爱是人类感情中最持久、最脆弱的。爱像能量，质能不减，只是改变了。

我们有着种种爱的迷惑，因此无法顺其自然。人渴望爱，而且要爱“更多、更好、更快”。发现自己最诚恳的尝试，如担忧，不但扼杀自己心中的爱，也浇熄所爱之人心中的爱火，是多么深刻的伤痛！

眼看爱苗逐渐枯萎，我们就更想控制它，结果更加孤立和恐惧。

轻松地记住爱是人与人之间流动的能量，是控制不了也创造不出的，这样我们才算走上爱的康庄大道。

舍弃一切自以为有效的方法，才能获得“爱”这份礼物。

8.19

对于生活，我们有选择权，我们能够选择改变平庸的生活。

——[法国]拿破仑·希尔

我们往往并不缺乏抓住机遇的能力，而是缺乏主动选择的勇气。因为我们害怕选择背后的责任，但我们却没有意识到，选择的自由是一种无价的财富。只有当我们真正理解到自己可以主宰自己的命运时，才能真正掌握自身的命运之轮。如果我们把选择的权利交给他人，就如同将航船的舵交给了风，任由命运的风浪摆布。这样的人生，又有何意义呢？

我们要有勇气行使这份自由选择的权利，珍视并慎重地对待每一个选择，成为自己人生的主宰者。

8.20

三天打鱼两天晒网？OK啊！能坚持三天就很了不起了！

——[日本]松冈修造

在生活中，我们常常会遭遇各种风浪，面临重重的挑战。当遇到难题久攻不下时，有人可能会因为失去耐心，心生畏惧，选择放弃，然后匆匆投身于新的冒险。然而，缺乏耐心，从侧面来看，也并非全然的负面特质。缺乏耐心，亦可被解读为思想开放，勇于接纳新鲜事物，敢于冲破未知的藩篱。

那些在困境中易于失去耐心的人，他们的思维往往更加敏捷，不拘一格。他们不会在困境中苦苦挣扎，而是迅速寻找新的出路。他们内心往往燃烧着尝试新奇事物的热情，他们乐于接受新的挑战，善于从中发现新的机遇，坚信条条大路通罗马。在这个瞬息万变的世界里，敢于接受新事物是推动个人进步、实现个体价值的重要力量。

8.21

每一天都充满刺激！

——［美国］奥普拉·温弗瑞

我们每一天都可能快乐、倒霉或忙碌，唯一可以确定的是：每一天都是不确定的。

当我胸怀壮志，真诚寻求，人生便如诗画般绚烂多彩。因为我生命的每一刻都在为梦想的构筑添砖加瓦。当我步履坚定，为梦跋涉，一路上领略无数未曾设想的美好，它们如繁星般点缀在我前进的道路上。若非勇敢地探索那些看似遥不可及的理想，我不过只是凡世中的一抹微尘，无关紧要。

8.22

当我们放弃追求更年轻、更苗条时，日子是多么的美好啊！

——佚名

研究证明，以积极的心态面对年龄老化的人生活质量更高，那些接纳年纪变老和衰老过程的人明显享有更好的身体和精神健康。

为了能活得更快乐、更健康、更长寿，我们必须接受生命过程，改变自己对于年老的观念。无论我们喜不喜欢，我们都会随着时间的改变而改变，在一些方面我们会越变越好，而另一些方面我们会越变越差。我们都清楚，年纪变老是一个衰退的过程，特别是身体上的衰退。但我们缺乏关注的是，年长的过程也给了我们绝佳的机会获得智慧、情感和灵魂上的成长。

我的用意并不是要将年老浪漫化，只是提醒人们它的真实性，无论是好是坏。健康地变老是指积极接受年老所带来的真实挑战。同时，感激在年龄的增长中显现的真实机会。

8.23

人生不是一刹那的事情。于是，你的看到、听到也不是一刹那的事情。以一段时间、一个生命的长度去看你看到的，去听你听到的，真相自然在那里。一切的生命都在努力绽放，那你也需要用整个生命去听、去看。知识不会让你更强大，除非它没有阻碍你认知这个世界的方式和过程。面对生命要有面对生命的态度，你以一刹那的瞬间态度去听去看，或仅用你的一部分去感知，你也已经死亡，真相不在的生命已然死亡。

——[印度] 吉杜 · 克里希那穆提

8.24

乐观可以预测赛场上的赢，悲观可以预测赛场上的输。这对于团队或个人都是适用的。解释风格在团队或个人面临压力时发挥作用，如在输掉一场球后，或在最后几局时。乐观并非你可以凭直觉就知道的事。归因风格测验可以测出一些连自己都不知道的东西。

——[美国] 马丁 · 塞利格曼

生活的奥秘恰恰在于，我们所能看见的，往往是我们内心深处的东西。这并非无奈，而是生命的独特之处。

一位孕妇在街头漫步时，常常会惊奇地发现："原来街头也有和我一样的孕妇啊！"然而，实际上，这些孕妇并非忽然之间涌现街头的，只是她以前从未留意到。如果不是因为自己身怀六甲，她恐怕依然无法看到。

我们所看见的，感受到的，不过是我们内心的反映和投射。只有经历过，才能真正理解。这就是生活，这就是人生。

8.25

将人和问题本身分开，你们才能共同面对问题，而不是彼此攻击。

——佚名

生活中，我们难免要面对一些棘手的场景，不得不说一些刺耳之言——或是对孩子的责备，或是对员工的批评，或是对伴侣的不满。这些情境绝不是轻松愉快的，无论对说者还是听者来说都是如此。

然而，我们需要理解一个重要的道理：区分人和他们的行为是必要的。当面对问题或错误时，我们应该及时、明确地表达我们的立场和观点，不含糊、不回避。这样做既是对事情的公正处理，又是对自己和他人的一种尊重。

在面对具体的人时，则需要我们展现出更为温和的一面。这是因为“人非圣贤，孰能无过。”在他人犯错的时候，我们应首先理解他们的行为背后的原因，然后用理解和关爱去抚平他们的伤痕，而非用严厉的言辞或行为去加深他们的痛苦。

8.26

亲密关系满足的秘诀：(1) 欣赏你的伴侣；(2) 表达你的感激；(3) 重复上述两步。

——[美国]罗兰·米勒

《大话西游》里，当至尊宝说，如果要对这份爱加一个期限，他希望是一万年。很多人听到这句话的时候都感动得哭了，因为这让他们想起过去的自己。人们希望恋情长久，却受不了一颗心悬在那儿。

维持长久的亲密关系，就要懂得欣赏他的优点。同时，要学会接受他的不完美。最根本的，要学会从自己的内心深处，而不是从外界寻找满足。不要苛求伴侣完全遵循自己的需求和标准。伴侣之间，既是合作关系，也是相互独立的个人，都有权利做自己喜欢的事，按照自己喜欢的方式去生活。真正爱一个人，不是要求对方给予我们什么，而是希望他快乐。

8.27

一个人对外部的兴趣，是需要培养和练习的。如果得不到培养，则很难展现出来。

——[奥地利]阿尔弗雷德·阿德勒

8.28

没有终局的成功，也没有致命的失败，重要的是继续前进的勇气。

——[英国]温斯顿·丘吉尔

人来世上一遭，总会遇到几个坡、几个坎儿。包括且不限于疾病、失业、落榜、背叛、事业不顺、经济下行、巨额债务、家庭变故……

当逆境来临，无论你选择临阵逃避，还是急于摆脱，都是正常的本能反应。然而，大部分的逆境，乃是一场长期的缠斗。

人生，并不是一条百米冲刺的赛道，而是一场持久的马拉松。最重要的不是一时的快慢，而是能够保证“不出局”，能够一直出现在赛道上。

8.29

如果永远有音乐相伴，我就没有其他需求了。音乐能够将力量注入我的四肢，将想法注入我的大脑。当我被音乐充满时，生活似乎也变得更轻松了。

——[英国] 乔治 · 艾略特

舞步、节奏和旋律，这是自我对话的三重奏。音乐以她独特的语言，引领我们深入探索内心的世界，走向一个彻底解放自我、无拘无束的空间。在这个空间里，我们不需要装饰，不需要隐藏，只需拥抱最真实的自我，让自我在音乐的海洋中绽放。

当生活的疲惫沉重压榨我们的灵魂时，音乐能庇护我们的灵魂；当欢聚的喜悦照亮我们的心房时，音乐为我们庆祝。

舞动吧，倾听吧，让音乐用它的柔情万种，洗涤我们心灵的疲惫与困惑。让我们在这个美妙的音乐世界里，释放自我，纵情舞动，享受生活的美好与激情。

8.30

强烈的希望，比任何一种已实现的快乐，对人生具有更大的激奋作用。

——[德国]弗里德里希·威廉·尼采

你并非是没有耐性，只是没开启自己的希望开关而已。

人是这样一种生物，只要有足够的期待，就能克服一切难以战胜的困难。

所以说，多次失败不是因为没有耐心和能力，但可以试着解释为“没有期待感”。比如，减肥成功之后，就奖励自己“去南方的岛上旅行”。为此，你先买好去南方的岛上要穿的小一号的漂亮衣服或泳衣——购买两三件不瘦下来就不能穿的衣服，挂在房间里。

减肥成功之后，要做什么呢？

之后有什么好的事情等着我呢？

试着想象一下减肥成功之后，有什么样的美好在未来等着自己，并把能想到的全部内容都写在笔记本上。

这也是解决不能让房间保持干净整洁的烦恼的方法。

要是有人跟你说房间要是能一年都保持整洁的话，奖励你一百万元，你肯定能坚持到底吧！

有期待感就能完成事情，就是人类。因此，把房间打扫干净之后会有什么好事等着你呢？写到让自己出现期待感为止。

8.31

当你只有一个想法时，这个想法再危险不过了。

——[法国]埃米尔·查蒂尔

科学家曾做过一个实验，准备两个玻璃瓶，一个瓶子放入5只苍蝇，另一个则放入5只蜜蜂。两个瓶子的瓶底都对着光源，而瓶口都朝向黑暗。几个小时后，科学家们发现，5只苍蝇都找到了出口，而5只蜜蜂则在光源的方向上撞上了瓶壁，都撞死了。

为什么蜜蜂找不到出口呢？通过观察发现，蜜蜂的行动受一种惯性思维的影响。它们本能地认为有光源的地方就是出口，这是它们过去的经验告诉它们的。于是，它们不断地朝着光源飞，即使遭遇了挫折也坚持着，最终悲剧性地撞死了。

相比之下，苍蝇的表现则完全不同。它们并没有过分依赖过去的经验。当它们遭遇碰撞后，它们明白需要改变方向，于是便回头寻找新的出路。

这个实验告诉我们一个道理：过分依赖经验往往会束缚

我们的思维，使我们难以应对新的挑战。要避免这种情况，我们需要培养灵活变通的思维方式，不断地学习新知识并勇于探索未知。只有这样，我们才能在生活的迷宫中找到属于我们的出口。

九月该是很好的月份。风轻云淡、秋风明月。

9.1

爱是一盏灯，也是一团火。

——[美国]亨利·戴维·梭罗

爱情，如同诗篇，需要我们以想象力为羽翼。每个人都应用尽毕生精力与想象，去塑造理想中的自我，而不应被现实所桎梏。当两个人以各自最美的风姿相逢并相爱，那一幕，真如诗，如画，美不胜收。这景象，比繁星点缀的夜空更动人，比百花齐放的盛宴更绚烂。

9.2

以前我以为，人是一点一点长大、一点一点成熟的，但是那一天我知道，人是一瞬间长大的。

——李娜

很多人可能是在有了小孩后一瞬间长大的。这个时候，责任就来了，逃无可逃。

结婚时还是“男孩”“女孩”，当孩子出生那一刻，他们的心理上才发生触动，才真正理解了责任。逃避责任固然能带来轻松，而那恰恰就是“生命不能承受之轻”啊！承受了生命的沉重，才能真正成人。

9.3

你越是观照你的愤怒，它在你眼皮底下消失得越快，就像太阳下的冰雪一样。当一个人诚实地看着它时，它会一瞬间失去它的力量。这同样可以应用在嫉妒、悲伤、焦虑、憎恨及其他痛苦情绪上。

——[法国]马修·查理德

人类天生具有一种全面的自我修复能力：当病菌入侵时，免疫系统能够强烈反击并最终消灭病菌；如果骨头断裂，身体会调动各种资源，让断骨重新连接在一起；大概皮肤受到损伤，新的细胞也会迅速再生，填补伤口。这些都是大自然赠予我们的一份珍贵礼物，帮助我们继续在这个世界上生存下去。这种自我修复能力是人体固有的，是人体维持健康、平衡的重要机制。

同样地，人类的心灵也拥有一种自我修复的能力。当我们的情绪陷入痛苦，心灵也会尝试自我修复。然而，与身体的自愈不同，心灵的自我修复需要我们主动进行自我关怀和引导。如同身体需要时间来疗愈，心灵的自我修复同样需要时间和耐心。

9.4

谨慎观察心将你拉向何方，然后全力追随。

——哈西迪克格言

若要洞悉内心的真实，必须学会抚平内心的喧嚣，去聆听内心深处最真实的声音。对于那些还徘徊在自己的心声之外的人们，他们应该尝试从微小的细节开始探索，去发现自己的“心之所向”。你可以从品味一种美食、捧读一本书、聆听一首音乐开始，发现自己的喜好，走进自己的内心世界。然而，这只是冰山一角。在此基础上，我们还需深入自问：谁是我们心灵的伴侣？谁又是我们的良师益友？只有找到这些问题的答案，我们才能朝着更加辽阔的未来迈进。

若要跟随心灵行走，必须先从微小的调整开始，逐渐摒弃旧有的束缚。在不断的探索与实践中，我们将更加清晰地看到自我，找到那最真实的内心，并领悟到生活的本质。

9.5

三军可夺帅也，匹夫不可夺志也。

——春秋·孔子

孔子曾言：“三军可夺帅也，匹夫不可夺其志也。”即便一个人身陷千军万马之中，面临丧失主帅的危机，他的坚定信念和远大抱负仍不应被撼动。普通人亦应有坚如磐石的志向，无人能剥夺我们的决心。面对艰难险阻，我们或许会遭遇挫败，但我们的意志和决心却永远不能被击败。即使在孤立无援的时刻，我们亦坚决不向恶势力低头。

在生活中，总有一些人为了满足私欲而施展卑劣的手段。然而，这只能让那些不屈不挠的人更加坚定地站在正义和良知的立场上。因为这些人明白，只有坚定信念和决心，才能在逆境中找到出路。

9.6

这件事也将过去。

——[美国] 亚伯拉罕 · 林肯

深陷危机或恐惧之时，我们常会感到迷失方向，思维如同乱麻，整个人如同溺水一般，无法自拔。在这混沌的旋涡中，问题如巨兽，吞噬我们的一切。而旁观者，他们或许能以更清晰的视角，洞悉我们面临的困境。他们的随手之举，像是破晓的曙光，刺破我们内心的黑暗，让我们明白，即使在冰冷的冬夜，也有星辰照亮我们的道路。

这些旁观者的力量或许微不足道，但他们的存在却让我们感到温暖和安慰，也让我们明白，我们并不孤单。

9.7

小孩子第一次笑的时候，那笑容并没有表达任何意思。他并不是因为幸福而笑。其实，我想说他是因为笑了才感到幸福。

——[法国] 阿兰

9.8

真正的幸福来自建立并发挥自己的优势，而非花时间改正自己的弱点。

——[美国]马丁·塞利格曼

9.9

架要两个人才吵得起来，却只要一个人即可结束。

——谚语

夫妻间的争吵，往往是一方的言辞或行为触动了另一方的内心情感，这些言论或行为就像一块投入湖水中的石子，荡起了一圈圈涟漪。然而，我们常常选择用攻击性的言辞和责备的语气来表达自己的愤怒和不满，这就如同那些涟漪逐渐升级成滔天巨浪。这种控诉式的沟通方式，虽然可以暂时宣泄情绪，但却无法让我们真正了解对方，反而会使矛盾愈演愈烈，让冲突不断升级。

我们应当明白，我们的反应，是我们可以掌控的，也是我们在婚姻中唯一可以改变的因素。只有学会控制自己的情绪，理解对方的角度和立场，才能逐步化解矛盾，达到和谐共处。

9.10 教师节

智慧是对于根本事物、现在存在的事物的了解能力；而所谓教育，便是在自己以及别人身上唤醒这项能力。

——[印度]吉杜·克里希那穆提

9.11

如果我们珍惜当下，岁月也会善待自己。

——[英国]玛丽亚·埃奇沃思

当我们全身心投入一项事业，我们的心灵得以沐浴在宁静的柔波之中，思维的花朵也在清新的空气中绽放。此外，这种专注让我们得以更好地把握自身的情感与精神状态，不再迷失于过去和未来的纷扰。

这便是我们在生活中积极践行“活在当下”这一信条的深远意义所在。在“当下”这一转瞬即逝的刹那，我们应更加珍视内心的细微颤动，用专注的视线去抚平内心世界的每一处波澜。这是一种奇妙的感受，它将让我们学会更加珍惜生活的每一个瞬间，更加深刻地领悟生命的意义和价值。

9.12

惬意、美丽和公正的生活是一体的。

——[古希腊]苏格拉底

9.13

愚人从远处寻找幸福，而智者让它从脚下生长。

——[美国]詹姆斯·奥本海姆

9.14

未证明不可能之前，一切都有可能——即使现在不可能，未来仍有可能。

——[美国]赛珍珠

担忧的人想知道哪些可能，哪些不可能，然后从这里出发。我们宁可事先知道事不可为，也不愿尝试之后才证实事情果然不可为。更悲伤的是，我们并非百分之百证明事情确实不可能，仅证明我们当时以该种方式无法做到。那么一个优秀的担忧者该怎么办？怎样才能有十足的把握？如果凡事没有十足的把握，最好多多操心。人生到底有多少事是使不可能成为可能的？

担忧的人往往不打算付诸行动，付诸行动的人则没有时间忧虑。有意思！

9.15

最明亮的欢乐火焰大概是由意外的火花点燃的。人生道路上不时散发出芳香的花朵，也是由偶然落下的种子自然生长出来的。

——[英国]塞缪尔·约翰逊

9.16

人类来来去去，但大地永存。爱土地的人了解这番道理。

——毛利族某长者

我们似乎忘记了，我们并非宇宙的绝对主宰，而只是它浩瀚星海中的一粒微小星尘。我们盲目地追求对万物的掌控，却忘记了我们真正能主宰的只有自己的心灵。只有当我们认知到我们不过是自然谱系中的一环，只能融入，而无力强求时，我们才能真正卸下心灵的包袱，从焦虑的桎梏中解脱出来。

我们不是万能的，当我们以信任的姿态将接力棒传递给更有资格的人时，他们会以他们的速度、力量和智慧去跑出更美的轨迹。这并不是软弱的表现，而是人类智慧的体现。

9.17

任何一件能激怒我们的事情，都会让我们更好地了解自己。

——[瑞士]卡尔·荣格

我们不必与生命中的每个过客都建立深厚的友谊。对待他人较为淡漠，并不意味着我们对他人有偏见，而只是因为我们尚未找到彼此心灵的契合之处。

我们可以选择保持适当的距离，而不需要花费过多的精力去追寻并不适合自己的情感。这是一种理性的抉择，也让我们在情感的世界中更加自由。

9.18

只有勇敢者才懂得去宽恕，懦夫是决不会宽恕的，这不是他的性格。

——[英国]劳伦斯·斯特恩

在古代，如果人们要捕杀一头熊，会巧妙地设下一个陷阱。他们在一碗甜美的蜂蜜上悬挂一根沉重的木头。为了尝到蜂蜜，熊必须用力推动木头，但木头会因惯性回荡，狠狠地撞击熊的身体。熊越是愤怒，便越用力推动木头，而木头也回荡得更为猛烈。如此不断重复，熊最终会因此丧命。

这个寓言同样适用于人类社会。当人们以怨报怨时，他们便在不知不觉中重复了熊的错误。如同木头一次次撞击熊的身体，怨念和仇恨也在人们心中一次次升级。难道人类千万年以来的智慧积累，竟不能让我们摆脱野兽般的愚昧吗？

古人的智慧告诉我们："聪明人以理智驾驭情感，愚者以情感驾驭理智。"通过这种方式，我们将逐渐从怒火的束缚中解脱出来，展现出真正的智慧。我们应该时刻提醒自己，要具备超越愚昧、拥抱智慧的勇气。

9.19

既来之，则安之。

——春秋 · 孔子

9.20

人人都能得到指引，只要卑微地倾听，即能听见忠告。

——[美国] 拉尔夫 · 沃尔多 · 爱默生

我们一头扎进知识的海洋，执着地希望找到内心深处期待的答案。我们期待着有人能教我们如何应对生活的挑战，为我们指出明亮的出路。然而，我们在寻找答案的道路上疲于奔命，却鲜少停下脚步去深入思考那些指引的内涵，去倾心聆听它们的无声细语。

9.21

自然中有着永不枯竭的财富。她只让我们看到了她的表面，但是她有上万米深。

——[美国] 拉尔夫 · 沃尔多 · 爱默生

请投入大自然的怀抱，细心感受每一处生命脉搏的律动。不论是树木的雄伟挺拔，还是花卉的争艳斗丽，抑或是昆虫和鸟儿的纷繁复杂，都是自然界独特的生命诗篇。

走向户外，尽情享受那轻风吹拂的瞬间，让自己的心灵沐浴在广袤无垠的自然之中。仰望天空，遥望那无尽的天际线，让自己的内心世界如同天空一般自由自在，豁达开朗。

9.22

2+2=4。大自然不需要你的宝贵意见，它不在乎你喜欢什么，或是你是否赞成它的规律。你只能按着大自然本来的样子去接受它，以及它所显露或暗含的一切。

——[俄国]陀思妥耶夫斯基

为了维护内心的安宁与和谐，我必须拥抱自己的一切情感。真实既是自然之法，也是通往自我接纳之途。自我接纳，其实质是直面现实，不躲不藏。无论我感受到什么，那都是我真实的感受；无论我思考什么，那都是我真实的思考；无论我做过什么，那都是我真实的行为。

9.23

不再为孩子操心之后，反而开展了崭新的亲子关系。

——[美国] 派帝

9.24

中年最令人惊心的，莫过于中年终将过去。

——[美国] 桃乐丝 · 黛

我们总是不停地追寻着生活的稳定性，精心绘制着未来的蓝图，渴望生命就此安定如山。然而，当一切如我们所愿，当生活呈现出它最美好的一面时，我们却又常常觉得经历不够丰富、不够美好。这，或许就是我们人类的宿命，一种永恒的矛盾和追求。

我们常常忘记，人生并非一个静态的终点，而是一段不断流淌的旅程。我们都是这个世界的过客，短暂的停留，然后继续前行。生命就像一幅不断展开的画卷，无论我们如何想要阻止、延缓、缩短，甚至忽视它，但无论如何，它仍在不断地延展、变化。这是生活的韵律，是生命的本质，是我们无法逃避的命运。

9.25

人生如逆旅，我亦是行人。

——宋·苏轼

亚历山大大帝，这位历史的巨擘，在其生命的辉煌篇章中，以英勇无畏的姿态，立下了宛如山峰般的赫赫战功，让世界在他的脚下颤抖。然而，在他生命的最后一刻，他的遗言却带着深深的无奈，如同秋日的落叶，悄然落下。他向人们留下一个奇怪的嘱托——当他的遗体经过市区时，请将他的双手放在棺材的外面。这个简单的请求，让人们心中充满了疑问。亚历山大解释说，他这么做的目的，是希望人们看到他离开这个世界的时候，也是一无所有的，他曾经的荣誉、财富和地位，都如同晨露一般在阳光下蒸发，消失得无影无踪。

亚历山大大帝的故事告诉我们，即使像他那样卓越出众的人，在生命的终点，也会发现一切都是虚无。然而，这并不意味着我们的生命没有价值。相反，正是因为我们曾经努力地生活过，我们才能问心无愧地面对生命的终结。

9.26

深沉厚重，是第一等资质；磊落豪雄，是第二等资质；聪明才辩，是第三等资质。

——明·吕坤

9.27

君子不器。

——春秋·孔子

“君子不器”，这是孔子的一句名言，意思是说，一位真正的君子，不应该被自己的角色、身份、地位所限制，而应该拥有无限的可能性，不被任何既定的框架所束缚。我们每个人都可以成为君子，也都应拥有这样的一种精神。只要我们不停下对知识的追求，不停下对真理的探索，不停下对生活的热爱，我们就能像君子一样，不为形式所困，不为局限所束，活出自我，活出真实。

9.28

我对付问题的办法是看看情况最糟的案例，了解之后，再想出回应的态度。我不擅于应付惊喜或顺其自然，然后随机应变。自这一点着眼，这种心态于我有益，因为我如果有所担忧，就会先想出对策（如哪里有特殊教育学校，这类的事情）。

——佚名

9.29

当我拥有你，无论是在百货公司买领带，还是在厨房收拾一尾鱼，我都觉得幸福。爱像一股暖流滋润着我。当我失去你，即便面对鸟语花香我也兴味索然。一切显得落寞，虚空。善于感知的心变得迟钝，甚至无法捕捉自己的灵魂。失去了恋人是悲伤的，更让人难过的是迷失了一颗心。

——［日本］川端康成

我们常常因爱情的魔力而陷入焦虑的漩涡，这种不安的情感又会如无形的束缚，让彼此都感到压抑。然而，我们必须认识到，焦虑只是我们内心的独角兽，别人无法完全理解和驯服。

在焦虑的煎熬中，除了被其进一步吞噬，还有一种挣脱的方法——那就是退一步。在进退之间，我们须审视自我，洞察这段感情的真实本质。在这个过程中，我们可能会痛苦，可能会困惑，但只有通过这些洗礼，我们才能找到自我救赎的钥匙，发现那个必须抵达的心灵彼岸。

9.30

在深冬的某一天，我才发现自己的内心原来有个看不见的盛夏。

——[法国]阿尔贝·加缪

如果我们抑制痛苦情绪，反而会限制感受幸福的能力。所有的感受都通过同一条情绪通道，当我们阻止痛苦情绪时，也会间接阻挡快乐情绪。如果这些痛苦情绪不能及时释放，它们会逐渐积累变得更加强烈。一旦爆发，可能彻底击垮我们。

痛苦情绪是人类生命中不可避免的部分，当我们否定这部分，也等于否定自身正常的情感体验。要想拥有充实、美满的人生，我们应接纳自己所有的情绪，充分体验生命中的喜怒哀乐。换言之，我们需要允许自己完整地感受身为人的各种情感。

10月 十月是人间偷酿的一壶酒，香醇又带些冷冽。

10.1

饭疏食饮水，曲肱而枕之，乐亦在其中矣。不义而富且贵，于我如浮云。

——春秋·孔子

孔子曾说，吃粗粮，喝冷水，弯起胳膊当枕头，靠在上面睡一觉，这样的人生也有乐意在其中。用不道义的手段得来的富贵，对我来说就像浮云一般。孔子将不义之富贵比作浮云，实为精妙。不择手段地追求富贵，如同捕捉飘渺的浮云一般，无法靠得住。

当一个人修养到一定境界，便能抵御外界物质的诱惑，获取人生的真谛。

真正的快乐，无须依赖物质，更不需要虚荣的装点。

10.2

没有人是一座孤岛，

可以自全。

每个人都是大陆的一片，

整体的一部分。

如果海水冲掉一块，

欧洲就减小，

如同一个海岬失掉一角，

如同你的朋友或者你自己的领地失掉一块。

任何人的死亡都是我的损失，

因为我是人类的一员，

因此，

不要问丧钟为谁而鸣，

它就为你而鸣。

——[英国] 约翰・多恩

加布瑞埃拉・泽文在《岛上书店》中说：没有谁是一座孤岛，每本书都是一个世界。无论如何，多与人联系吧，分享快乐，快乐会加倍；分担痛苦，痛苦会减半。

10.3

鼓励自己的最好办法，就是鼓励别人。

——[美国]马克·吐温

一位百老汇演员曾经做过一个梦，梦中的自己在一个座无虚席的剧院里，倾尽全力地表演笑话、唱着歌，然而观众们却像被冰封一样，没有发出一点笑声，也没有热情的掌声。事后他说，即使他能每周赚取千金之数，这种没有观众互动的生活，也如同身处地狱。

而实际上，这并不仅仅是一位演员的内心独白，更是我们每个人的心声。无论是谁，都需要外界的赞扬和鼓励来增强自信，获取力量。舞台上的演员，需要观众的掌声；生活中的我们，需要他人的肯定与赞美。

10.4

你要么成为问题的一部分，要么成为解决问题的办法的一部分。

——[美国]埃尔德里奇·克利弗

当你发现曾经的策略不再奏效时，不要悲叹那些已逝去的时光，不要过分留恋它曾经的无懈可击。因为，无论过去的策略曾经多么完美，如果现在无法奏效，它们就变得毫无价值。我们需要保持清醒的头脑，及时辩识并调整策略，而不是一味地墨守成规，故步自封。

在这个不断变化的世界里，那些能够灵活应对、不断超越自己的人才是真正的成功者。不要为曾经的付出感到惋惜，因为那都是成长的一部分。

10.5

我宁愿有一个短促的老年，也不愿我在尚未进入老年期就老了。

——[法国]米歇尔·德·蒙田

一个人，如果失去了创造与激情，那与进入“老年期”有何区别呢？其实，有很多人在30来岁的时候就已经“死了”，等到80来岁才被埋葬。这样的人生，在30来岁的时候就已经完全定型，失去了创造力与希望，只是日复一日地重复旧有的自己。

10.6

世人们很少了解自己；对一个人来说，了解自己是异常困难的。

——[古罗马]西塞罗

10.7

学而时习之，不亦说乎？有朋自远方来，不亦乐乎？人不知而不愠，不亦君子乎？

——春秋·孔子

“学而时习之，不亦说乎；有朋自远方来，不亦乐乎；人不知而不愠，不亦君子乎？”这段来自《论语》的首章，突出了“悦”和“乐”两个概念，揭示了中国文化中对“快乐”的极致推崇。

在世界的另一端，许多文化倚重于罪恶感或耻辱感来规范人们的行为。然而，中国文化却选择了一条独特的道路，它弘扬的是一种以快乐为导向的人生哲学。这种哲学以和谐、喜悦与共享作为其精神内涵，强调与自然和谐共生，与他人共享快乐，以及在追求知识的旅程中体验内心的喜悦。这种快乐和喜悦，并不仅仅源于简单的物质享受，而更多的是来自内心深处的宁静与满足。它是一种让人更加深入地理解和感知世界的力量，一种让人们在物质世界的精神角落里安放自我和实现自我价值的力量。

10.8

失败使我内心产生一种安全感，这是我从考试过关中没有获得过的。

——[英国] J. K. 罗琳

那些从挫折中成长起来的人们会变得更聪明、更坚韧。

J.K. 罗琳能够挣脱恐惧的束缚，源自她对彻底失败的深刻体验。在生活的泥沼中，她失去了亲人，尝尽了离婚的痛苦，面临失业的困境。然而，正是这些刻骨铭心的经历让她如凤凰涅槃般焕发出新的生机。在生死关头，她下定决心背水一战，将人生的坎坷转化为动力，往日萦绕心头的恶魔也转而成为她创作的灵感。

10.9

活在当下，不去想何去何从，也不想下一步该怎么走。

——[英国] 查尔斯 · 贝辛格

保罗·科埃略在《牧羊少年奇幻之旅》中说：如果你能活在当下这一刻，你就会活得很快乐。你就能够看清沙漠里永远有生命，天上永远有星星，而那些部落之所以会战争，只不过因为那就是生命当中的一部分。生命对你来说将会是一场飨宴，一场盛大的庆典，因为生命就在我们活着的每一个当下。

10.10

人不可自欺。你们中间若有人自以为有智慧，倒不如变作愚拙，好成为有智慧的。

——[罗马]保罗

心理学家曾指出，我们有时会受到一种暂时的全能感所影响，感觉自己可以掌控一切。这种感受在青春期的少男少女中尤为明显。然而，这种错觉就像海市蜃楼一样，会被青春期的挑战、疾病的困扰、人生的意外以及失去心爱的人所打破。因为这些人生的现实并不受我们的全能感所掌控。最终，我们必须清醒地接受这个事实，我们不得不痛苦地放下这种控制欲，就像我们在生命的最后时刻不得不无奈地停止呼吸一样。

10.11

必须彻底摧毁人间所有的希望，唯有那个时候，人类才会用真正的希望解救自己。

——[奥地利]弗兰兹·卡夫卡

人生注定要经历过一些事情，绝望过，然后自己走出来，才能真正地成长。诚如日本设计师山本耀司所言："'自己'这个东西是看不见的，只有撞上一些别的什么，反弹回来，才会了解'自己'。所以，跟很强的东西、可怕的东西、水准很高的东西相碰撞，只有然后才知道'自己'是什么，这才是自我。"

10.12

每个人的心里都有一幅完美图像，如果我们用心观看，便看得见它。

——[美国]艾格尼丝·柏尼斯·马丁

人类生命从一开始就无法尽善尽美，有太多事情是我们无法掌控的。我们无法挑选生命的起点，无法选择给予我们生命的父母，甚至无法掌握自己的命运。这些无法逾越的限制，如同一道道独特的生命纹路，成就了我们每一个独一无二的个体。然而，也正是这些限制，如同无形的牢笼，让我们对现状心生不满，向往那未知的自由。

于是，我们渴望一次生命的改造，一次全新的自我蜕变。在生命的未知乐章中，奇迹并非源于缥缈的神灵，也不是宗教里的‘机缘巧合’，更不是什么外星人的“天医”。这个奇迹，其实是我们对自己的重新认识，是我们学会更加深爱自己，更加拥抱每一个不完美瞬间的信念。

10.13

失望是重新评价现实本身，重新评价我们与周遭人、事物的基本关系。

——佚名

我们所谓的失望，只是自我情绪处理的第一步，它会向着下一个存在状态进行转变。失落是对现实的深层次反思，是对自我与周遭人物和事物关系的重新解读——这些关系可能曾经被误解或扭曲，直到失落的降临，我们才如梦初醒。失落让我们洞察现实的真相——虽然常常伴随痛苦——但奇妙的是，它终将被化解并转变为一种积极的经验。这一过程不仅是对真实性的考验，也激发了我们内在的韧性。失望是一次真实而有意义的破碎，无论是关于婚姻、工作、友谊还是生活本身。

10.14

你之所以无法改变，是因为自己下了“不改变”的决心。

——[日本]岸见一郎、古贺史健

尽管人们心中充满了各种不满，却往往选择安于现状，满足于那份暂时的轻松与安逸。这种惰性，这种对未知的恐惧，它阻碍了人们对幸福的追求。

你的不幸，并非源自过往的经历，也不是环境使然，更不是因为自身能力不足。你只是缺乏那份“勇气”，那份迈向幸福的勇气。

10.15

有时你必须真正了解某一个人，才发现你根本不了解他。

——[美国]玛丽·泰勒·摩尔

我们总以为，一旦洞察了某人的内在，他便会永远保持那份印象，不会变迁。因此，一旦我们自认为了解他，便放下了继续探索的脚步。

然而，人，究竟是什么呢？如果我们将其视为一种不断重叠、相互影响、深入交织、不断演化的过程，那么我们对“了解人”的理解将大大转变。从这个角度出发，“了解人”成为一种永无止境的探索，一个不断演变、不断深入的过程。我们的每一次参与都在微妙地改变这个过程，同时，我们自身也被这种过程所影响和塑造。

你能想象两个瞬息万变的万花筒，时而交融，时而分离吗？那便是我们的人际关系。要真正了解另一个人，需要一生的时光，这是一项很难轻松完成的任务。

10.16

你改变不了一座山的轮廓，改变不了一只鸟的飞翔轨迹，改变不了河水流淌的速度，所以只是观察它，发现它的美就够了。

——[印度]吉杜·克里希那穆提

10.17

我所能奉献的没有其他，只有鲜血、辛劳、眼泪和汗水。

——[英国]温斯顿·丘吉尔

尽管痛苦和困难是生活的一部分，无法避免。但人能够超越这些限制，通过创造新的价值观和可能性，重塑自身和世界。

10.18

没有痛苦，人只能有卑微的幸福。

——周国平

幸福最深厚的根源在于，我们用坚韧的意志去战胜生活中的重大挫折后，将获得深刻人生感悟。面对人生之痛，解决之道并无其他，唯有直接面对，坦然接受。只有通过正视并勇敢接纳痛苦，我们的生命力才能得到升华，我们才能借助这股力量去抗衡、去战胜痛苦。

10.19

我认为，幸福的定义应该是“快乐和意义的结合”。快乐代表现在的美好时光，属于当下的利益；意义则来自目标，一种未来的利益。

——[美国]泰勒·本-沙哈尔

享受香槟和驾驶名牌跑车的确是让人愉悦的事情，但它们并不等同于美好的生活。美好的生活应该是每一天都利用你的优点和长处来创造真实、持久的幸福感和满足感。这种追求并不仅限于工作、爱情和育儿等层面，而是可以在生活的各个方面实现的。

就像美好的生活可以超越简单的愉悦一样，有意义的生活也可以超越美好的范畴。真实的幸福源于对自己的优点和美德的认知，并在生活中充分发挥它们，这种幸福感更为真实、持久。

10.20

做人要谨慎、温柔、知足，要做好分内工作。

——[英国]约翰·卡斯提尔

当我们谈论敦厚与知足时，不禁让人想起长辈们那沉静而深沉的教诲，无须喧哗或躁动，只需一份淡泊与宁静。这份温和敦厚，宛如春风化雨，让人感受到岁月的静好与从容。这是一种具有感染力的人生态度，它能够由上至下地渗透，影响着我们与他人的相处方式。

当我们心怀知足时，眼中看到的尽是美好，心中所感的皆是满足。这种满足感让我们放松，不再为世间的纷扰所牵绊，也让我们能够在人生的道路上悠然自得，从容不迫地前行。

10.21

恐惧是认定什么都行不通。

——佚名

经验教导我们，有些事物尽管不符合我们的预期，但它们却有着自身的效能。那些意料之外的结果，虽然可能并不完全符合我们的想象，但它们却是真实的存在。当我们说“这和我预期的有出入”时，并不一定意味着结果不好，不过是揭示了我们想象力的局限。

那些出乎意料的结果并不代表失败，相反，它们是一种宝贵的启示，让我们意识到世界是充满无尽的可能性的，而我们的想象力却无法完全理解并捕捉到这些可能性。

10.22

从不犯错误的人是死人。昨天，我见到了一个四千年来都没犯过错的家伙，他是大英博物馆埃及分馆里的一具木乃伊。

——[美国] H. L. 韦兰德

10.23

不求功成名就，只要能照亮某个角落就够了。

——[日本]中村恒子、奥田弘美

我们不必勉强自己，但也不能一味“躺平”。很多时候，你只需尽一份绵薄之力。你若光明，这世界就不会黑暗；你若心怀希望，这世界就不会绝望。

10.24

佛经中有一则譬喻故事，讲的是一个旅人在旷野上走着，发现一条深不可测的大河阻挡了去路。河的南岸有熊熊的烈火，河的北岸则全是水，只有中间留着一条宽约四五寸的细长白道，一直通往西岸。

旅人正犹豫不决，不知如何是好的时候，背后出现了许多强盗和凶猛的野兽，似乎随时准备扑上前来。旅人心想：“我现在要是后退的话，一定会死，可是前进或留在这里，还是会死！我到底应该怎么办呢？”

这时东边传来一个声音：“你要赶快下定决心，朝那条白道走去，只要顺着白道前进，一定不会死的。如果你犹豫不决，就必死无疑。”

接着西边也传来一个声音说：“你一心正念，快走过来吧！我会保佑你的，不要害怕掉入水火之中！”

当旅人顺着白道走过去时，身后的强盗和野兽都大声喊道：“喂，回来呀！那条路太危险了！”

可是旅人不再理会，一心一意地走过白道，终于到达西岸，得救了。

在这个故事中，东边比喻烦恼多的世间，西边比喻极乐世界，强盗和野兽是指我们的感觉作用，水河象征贪婪，火河象征嗔憎，白道代表我们的信心。

这个“二河白道”的比喻，就是要我们不受杂念的困扰，要抛弃偏见与无明的想法，以理智指导生活。

——佚名

10.25

一个人有自己的兴趣爱好，无论走到哪里，都能自娱自乐，欣喜不已。

——[美国] 亨利·亚当斯

10.26

创造的行为通常专属于神祇和诗人，但懂得谦虚的人能突破这项限制。以种植橡树为例，不必是神也不必是诗人，一把铲子即已足够。

——佚名

我们最懂得编造借口来逃避创造力。我们对创造力和创造力的产物抱持幻想和误解，把创造力保留给与我们截然不同的人。

我们将自己不可能有的特质，全加诸有创意的人身上，并要求他们举止怪异，不同于常人，才算真正有创意。

其实创意最平常不过，只是我们不肯接受。我认识一位才华横溢的经理，菩萨心肠、效率奇高、给予部属空间发挥，同时善加规范。他着实能干，我很喜欢和他共事，可惜他认为良好的管理不叫创意，等着做观念思考者呢。唉！

创意的本质就是创意的行为。

10.27

在奴隶市场上出售的，不是真正的奴隶！许多所谓的自由人已经丧失了自由——不少被称作奴隶的人倒拥有心灵的自由！没有谁比自愿为奴者更丑陋！

——[古罗马]塞内加

现代人逐渐认为“感觉”不重要、很麻烦，花很多时间去忽略感觉、压抑感觉。要它悄悄离开，它偏不肯，平添我们不少烦恼和怒气。

把接纳感觉当成提升灵性的办法，我们的看法必然改观。人类无法完全控制感觉。真实地体验自己的感觉，能摆脱理智之控制欲；跨入未知，能化解创造过程之一切阻碍。感觉不但提供一扇门，也指点给我们意想不到的归途。

10.28

可爱的人就生活在可爱的世界上；愤世的人就生活在敌对的世界上。

——[美国]肯·凯斯

若我们以乐观的心态看待生活，相信世间充满善意，我们便能在万事万物中察觉到那无处不在的温暖。当我们用深邃的视角审视周遭，我们必将在最深沉的黑暗中窥见希望的曙光。只要我们将心灵专注于内在的真理，外在世界便无法对我们构成冲突或引发我们的挫败感。

我们可以通过深度挖掘内在的理智，将我们的思绪从疾病、挫折、失败等一切负面现象中转移，转向健康、繁荣、成功等我们所向往的人生景象。因为我们的认知源自那超越物质的理智！

10.29

人生就是受苦。

——[英国] J.K. 罗琳

10.30

愤怒指向最纯粹的同情，

怒火永远照出我们的归属，

照出我们想保护的事物。

——[美国] 戴维 · 怀特

在《哈利·波特》这部作品中，J.K. 罗琳以出色的创作手法，深刻阐述了关于人性的主题。它向我们展示了如何面对内心的恐惧，如何挖掘并运用内在的力量，以及如何在困境中坚守道德原则，承担起责任。J.K. 罗琳将自己的经历和体验融入作品中，她通过哈利的冒险旅程，为所有读者描绘出每个人都可能遭遇的人生挑战。

10.31

每个人都会发怒，这很简单。但向恰当的人，在恰当的时间，以恰当的动机、恰当的方法，表达恰当程度的愤怒，并不是每个人都能做到的事情。

——[古希腊]亚里士多德

看下午最长的日影，等待十一月的回答从微风中吹来。

11.1

不恰当为机智之灵魂。

——佚名

若要说世间最无法忍受的耻辱，或许就是被世人称为“乏味”。在面对“无赖、顽固、奸诈”等骂名时，人们往往能够淡然处之，一笑置之。然而在“无幽默感”这一指责面前，他们却会感到犹如万箭穿心。对他们而言，“无幽默感”是最残忍的诅咒，它象征着人生的失败、社交的不被接纳，以及打上令人厌恶的印记。缺乏幽默感的人，甚至在异性眼中都难以获得尊重，更不用说在人群中脱颖而出了。

11.2

我们不只是基因的产物，并且科学也只能解释人类天性的一部分。

——[美国]詹姆斯·法隆

11.3

纵使富可敌国也难买以往。

——佚名

怀旧并不仅仅是一种对过去的沉溺，它更像是一种隐藏在我们生活中的力量，时时刻刻陪伴着我们。然而，我们往往察觉不到它的存在，直到它积聚到一定的程度，以排山倒海之势涌现出来。

怀旧所传达的一个重要信息是，我们即将面临一个揭露真相的关键时刻。这个时刻可能会打破由现有记忆所构成的架构，让我们重新审视过去、现在和未来的关系。

11.4

在这个世界上，良心应该更大于天才。

——[美国]艾瑞克·弗洛姆

11.5

失败意味着剥去无关紧要的一切……我终于自由了，因为我最大的恐惧已经成为过去，而我依然还活着，依然有一个我深爱的女儿，依然有着我那古老的打字机和我的奇思妙想。一无所有成为我重建生命的扎实根基……失败给了我内在的安全感，这是通过考试所不能获得的；失败教给我认识未知的自己，这是无法从其他事情中学到的。我发现我有着强大的意志力，具备比我所想象的更强的自律性，我还发现我的那些朋友们远比红宝石珍贵……当你认识到挫折可以使你变得更有智慧、更强大时，你才真正具有了生存能力。只有你本人以及你的亲密关系经历过灾难性的考验，你才能真正认识自己，真正理解爱的力量。

——[英国]J. K. 罗琳

11.6

你不是为了满足他人的期待而活，他人也不是为了满足你的期待而活。

——[奥地利]阿尔弗雷德·阿德勒

我们难得自认勇敢，以为勇气是英雄和伟人的专利。

须知，活着就是一种勇气。每逢命运的波折，光是活着就需要很多勇气。真正的自由即是做决定，人活着，每天都在做决定。我们决定何时起来，何时就寝，穿什么衣服，吃什么菜，说什么话，怎么说。我们每天做成百上千的决定，却不觉自己果断。其实，勇于决定而且不后悔正给予我们存在的自由，而存在的自由给予我们勇气去追求自由。拒绝自行决定或依赖别人决定，便是假造“追求自由的勇气”。我的决定不一定次次尽善尽美，但拥有决定权的我是自由的。

11.7

须知参差多态，乃是幸福的本源。

——[英国]罗伯特·阿瑟·威廉·罗素

要承认事物的多样性，这是世界的常态；要承认世界的差异性，了解自身的独特性，接受他人的不一样。这样，幸福的心门也就敞开了。正是基于此，王小波在杂文《思维的乐趣》里这么说："我认为低智、偏执、思想贫乏是最大的邪恶。……当然我不想把这个标准推荐给别人，但我认为聪明、达观、多知的人，比之别样的人更堪信任。"

11.8

我们从失败，而不是成功中得到了更多的智慧。通过了解哪些做法行不通，我们常常能找到那些行得通的做法，而那些从不犯错的人也许永远都不会有这样的发现。

——[英国]萨缪尔·斯迈尔斯

失败并不可怕，失败带来的负面的、消极的情绪反应也都是正常的。这些人，不管是知名公司的高管，如谷歌公司的创始人之一拉里·佩奇，还是快餐店老板，抑或是普通的打工仔，在面对失败甚至预料到失败不可避免时，首先要面临的问题就是如何认识并处理这种负面情绪，并从失败中受益。

11.9

美是邂逅所得，是亲近所得。

——[日本]川端康成

美景俯拾即是，用不着特意出门旅游。亲近、邂逅，一草一木，皆有生命力之葳蕤与旺盛。正如川端康成所说：“风雅，就是发现存在的美，感受已经发现的美，创造有所感受的美。”

11.10

那些时代的豪言壮语，并非为我们所说出。有何胜利可言？挺住就意味着一切。

——[奥地利]赖内·马利亚·里尔克

11.11

所谓自我接纳，就是不去关注“无法改变的”，而是去关注“可以改变的”。比如说即使得了60分也不必悲观，在诚实地接受60分的自己的基础上努力思考“如何才能接近100分”。

——[日本]岸见一郎、古贺史健

所谓“被讨厌的勇气”并不是要去吸引被讨厌的负向能量，而是，如果这是我生命想绽放出最美的光彩，那么，即使有被讨厌的可能，我都要用自己的双手双脚往那里走去。

美国影星贝蒂·戴维斯说：别人说我“目中无人”，我并不骄傲，只是对自己有把握。对没有自信的人而言，有自信简直不可饶恕。

11.12

才华是来自上帝的。切记，要谦虚。

名望是来自他人的。切记，要感恩。

骄傲是来自自己的。切记，要小心。

——［美国］约翰·伍登

谦虚则是一种可贵的品质，它像一朵绽放的花朵，闪耀着夺目的色彩，让我们在人群中脱颖而出。一个真正自尊自爱的人，并不需要通过骄傲的姿态来显示自己，因为他们的内心世界已经足够丰富和强大。真正的自尊自爱是对自己毫无保留的接纳，是对自己内心的肯定和自信。谦虚并不是刻意隐藏自己的才能和优势，相反，它帮助我们更好地融入环境、理解世界、认清自己的实际能力，然后朝着目标更好地前行。

11.13

在该拒绝的时候你要说“不”，这要比为了满足别人（或者更糟的，为了避免麻烦）而随口答应对方好得多。

——[印度]莫罕达斯·卡拉姆昌德·甘地

“不”这个字虽然读起来简单，但却是很难说出口的词汇之一。我们常常为了不让别人失望，或是害怕拒绝别人会引发愤怒，而选择轻易地答应他们的要求。然而，我们忽略了每次违心地答应别人其实就像将自己推入深渊。

我们需要倾听自己内心的声音，了解自己的渴望和需求，而这就需要我们学会如何得体地说“不”。这并不容易，需要我们积攒勇气，需要我们暂时放下他人的期望，去拥抱真实的自我。然而，这并不意味着我们要无视别人的想法，当我们说“不”时，我们不是要抵抗他人，而是要保护自己免受外界的影响。这个“不”，是对自我意识的尊重，是对自己人生主权的宣示。

11.14

风力掀天浪打头，只须一笑不须愁。

近看两日远三月，气力穷时会自休。

——宋·杨万里

不论风多急，浪多大，就算巨大的浪花打到了头上，你也不必过于忧愁，甚至只需一笑置之就好了，因为一切苦难都会过去的。保持平静良好的心态，不要为外界的风浪所动，让身边人也感受到你的沉着与从容。

在每一件事情上都看到积极的方面，并让自己的乐观看法成为现实。只有这样，才能够始终保持积极的心态，迎来利好的转机。

11.15

只有新的领域，只有尚未凝固的地方，才能留下深深的脚印。那些凝固很久的老地面，那些被无数人、无数脚步涉足的地方，别想再踩出脚印来。

——[俄国]闵可夫斯基

敢于突破创新才能成就大的事业。在人类社会和现实生活的各个领域，都有各式各样的“尚未凝固的水泥路面”，等待着人们踩出新的脚印、踏上新的征程。

11.16

在生命的重要时刻，我们却对发生在自己身上的事物无能为力，只能听天由命——这就是世界上最大的谎言。

——[巴西]保罗·科埃略

纪伯伦说："你们大部分的痛苦都是出于你们自己的选择。你们内心的医生为医治你们的病躯开出了一剂苦药。"天底下最恐怖的莫过于没有选择或自认为没有选择。知悉我有选择，而且处世态度可救我脱离滑溜溜的囚牢，我便改变体验人生的方式。

11.17

不是所有感情都会有始有终，孤独尽头不一定惶恐，可生命总免不了最初的一阵痛。

——林夕

我们的人生道路上总会有一些无法掌握的东西，或许是我们深爱的人，或许是我们珍视的事。他们的离去，无疑像晴天霹雳，将我们的心撕裂。即使是那些岁月静好的婚姻，在风雨兼程的日子里也难以避免心灵破碎的时刻。

然而，我们需要学会拥抱这种痛感，将其作为成长的礼物。因为每一次的心碎，都犹如一块磨石，将我们的灵魂磨砺得更加锐利，更加清晰。它让我们更深入地理解自我，更明确我们对生活的期许。每一次心碎，都留下一条坚韧的刻线，那是我们的信念和坚持，是我们成长的烙印。

11.18

能用众力，则无敌于天下矣；能用众智，则无畏于圣人矣。

——三国·孙权

无论你投身于何种领域，无论你的职业或专业如何，如果你学会了处理人际关系，那么你已走过了通向成功的绝大部分道路。而在迈向个人幸福的旅途中，你几乎已经抵达了目的地。这不仅仅是因为人际关系的处理涉及社交技巧的运用，更是因为它深受情感智力的影响。人际交往能力是你理解他人需求和期望的桥梁、与他人建立深厚联系。掌握了这种能力，你的道路将会更加宽广平坦，你的未来也将因此而更加美好。

11.19

一旦你觉得完全自在与安全，信心就来了。

——[印度] 吉杜·克里希那穆提

11.20

当转机来临的时候，与其计算无谓的得失，还不如认认真真地把握住。总想着得失，那么就会觉得勉强自己，甚至产生心结。与其如此，还不如率性而为，跟随心的决定。

——[日本] 中村恒子、奥田弘美

11.21

一个不成熟男子的标志是他愿意为某种事业英勇地死去，一个成熟男子的标志是他愿意为某种事业卑贱地活着。

——[美国] 杰罗姆·大卫·塞林格

在塞林格的小说《麦田里的守望者》中，霍尔顿年纪尚幼，不能够看到世界在许多方面都是不完美的。他的老师告诉他，这是难以改变的事实，一味地愤世嫉俗并不能解决问题。而学会谦恭的态度，认真做一些事情，通过自己的努力或多或少地将世界向更完美的方向推进一点，这似乎才是更有建设性的。

11.22

一个人的力量是很难应付生活中无边的苦难的。所以，自己需要别人帮助，自己也要帮助别人。

——[奥地利]斯蒂芬·茨威格

我们从呱呱坠地的第一天开始就非常需要帮助，一辈子逃不开。我们在人生的每一道关卡都要练习寻求不同的帮助。

临盆前需要寻求帮助，像是产房、医生、助产士、丈夫或伴侣、迎接孩子的小床，还有份能养家的工作。新生儿的家长需要另一种帮助：他们自己爸妈的帮助、其他家长的帮助、小孩的玩伴，总是需要大量睡眠。明白人生就是需要帮助，明白自己值得这些帮助，这些也许让自己有脱胎换骨的力量。

11.23

完美是美好的敌人。

——[法国]伏尔泰

成长型思维模式如同一把神奇的钥匙，总能助我们洞见过程的美丽，缓解内心的压力，让我们时刻保持坚定的信念和勇气。这种思维模式如果运用在孩子的启蒙与教育上，就如同一支神奇的画笔，将为下一代勾勒出一幅勇往直前、不断超越自我的生动画卷。

成长型思维模式是一种言传身教的力量，流淌在每一个行动与每一句话语中，胜过千言万语。它不仅让孩子在面对困难时拥有坚韧不拔的毅力，更让他们学会在每一次挫折中寻找成长的机会，从而在人生道路上走得更远。

11.24

情不知所起，一往而深。生者可以死，死可以生。生而不可与死，死而不可复生者，皆非情之至也。

——明·汤显祖

真爱是可以超越死亡的。用电影《午夜巴黎》中的一句台词做注解，再契合不过了："我相信真实纯正的爱情能产生一个纾解死亡的阶段，所有的懦弱都出自没有爱或爱得不彻底，这两者都一样。勇敢而真诚的人，能够直面死神。”

11.25

感恩不但是最伟大的美德，也是所有美德之母。

——[古罗马]西塞罗

表达感激之情并非只有一种方式，而以书信的形式向对方表达感谢，无疑是最为深情且有效的一种。这不仅能让我们的感激之情更充分地传达给对方，更能给对方带去一份难以言喻的温暖。当我们的感谢信送到对方手中时，那种深深的感激之情以及对美好瞬间的回忆，会让人的快乐指数直线上升，并且使忧郁的情绪大大减轻。这种美好的感觉，将持续很久。

11.26

一朵花比一百朵花更美丽。凌晨四点醒来，看到海棠花未眠。它盛放，含有一种哀伤的美。如果说，一朵花很美，那么我有时就会不由地自语道：要活下去！

——[日本]川端康成

11.27

莫问世间需要什么，要问心如何才能高唱，因为世间需要引吭高歌的心。

——佚名

11.28

湖山信美。莫告诉梅花，人间何世。

——夏承焘

11.29

纽约时间比加州时间早 3 个小时，但加州时间并没有变慢。

有人 22 岁就毕业了，但等了 5 年才找到稳定的工作！

有人 25 岁就当上了 CEO，却在 50 岁去世。

也有人直到 50 岁才当上 CEO，然后活到 90 岁。

有人单身，同时也有人已婚。

甘罗 12 岁当宰相，姜子牙 72 岁才出山。

世上每个人本来就有自己的发展时区。

身边有些人看似走在你前面，也有些人看似走在你后面。

但其实每个人在自己的时区有自己的步程。

不用嫉妒或嘲笑他们。

熬住你就赢了，挺住意味着一切。

他们都在自己的时区里，你也是！

生命就是等待正确的行动时机。

所以，放轻松。你没有落后，你没有领先。

在你自己的时区里，一切安排都准时。

——佚名

11.30

青春不是年华，而是心境；青春不是桃面、丹唇、柔膝，而是深沉的意志、恢宏的想象、炽热的感情；青春是生命的深泉在涌流。

青春气贯长虹，勇锐盖过怯懦，进取压倒苟安。如此锐气，二十后生有之，六旬男子则更多见。年岁有加，并非垂老；理想丢弃，方堕暮年。

岁月悠悠，衰微只及肌肤；热忱抛却，颓唐必致灵魂。忧烦、惶恐、丧失自信，定使心灵扭曲，意气如灰。

无论年届花甲，抑或二八芳龄，心中皆有生命之欢乐，奇迹之诱惑，孩童般天真久盛不衰。

人的心灵应如浩渺瀚海，只有不断接纳美好、希望、欢乐、勇气和力量的百川，才能青春永驻、风华长存。

一旦心海枯竭，锐气便被冰雪覆盖，玩世不恭、自暴自弃油然而生，即便年方二十，实已垂垂老矣；然则只要虚怀若谷，让喜悦、达观、仁爱充盈其间，你就有望在八十高龄告别尘寰时仍觉年轻。

——[美国]塞缪尔·厄尔曼

十二月，就这样，慢慢等待一场雪覆盖下来。

12.1

公众一致认为，我们生活在一个充满贪婪与憎恨的世界里，但我却不这么认为。对我来说，真爱无处不在，它可能并不起眼，也上不了报纸头条，但它的的确确存在着。当911发生时，据我所知，乘客们从飞机上打出的电话，没有一通是在诉说憎恨，它们全都是爱的信息。如果你留心找找，我确信你会发现，真爱其实无处不在。

——[英国]理查德·柯蒂斯

我们之所以不寄望于世界，恰恰是因为我们深知其险恶。然而，也正是由于这种认知，我们更加珍视人类的坚韧、短暂的幸福、微小的进步，以及那永不磨灭的信念与坚持。这些在我们眼中，犹如神迹般，不仅弥合了所有的苦难、挫败、失望和错误，更是为世界增添了一种难以言表的独特魅力。

12.2

我一直都想进步啊，只是“改变”让我不太喜欢。

——佚名

时光荏苒，岁月如梭，不经意间改变已悄然降临，如同微风轻拂枝头，落叶飘零，再也无法重现昔日的繁华。这世上，没有任何事物是永恒不变的。然而，这并不意味着我们应该对改变心怀恐惧。相反，我们应该敞开怀抱迎接它，因为改变是生命成长的必经之路。在万物的更迭中，我们看到了生命的活力与韧性，看到了希望与无限可能。只有把握生命的韵律，适应变化，我们才能稳步前行，绽放独特的光彩。

12.3

我荒废了时间，时间便把我荒废了。

——[英国]威廉·莎士比亚

负面情绪如同大地之母，孕育着其自身的治愈与更新。它是一种必要的过渡状态，是生命旅程中的暂时性修复，就如同黎明前的黑暗，预示着新一天的到来。

负面情绪如同孤独的港湾，庇护我们远离世俗的纷扰，给我们机会去重新评估、反思，然后接纳。它是我们内心深处的疗愈者，以疼痛和苦楚为药，促进我们的成长和进步。

负面情绪是生命中的诗人，用沉郁的笔触描绘出我们的失落和迷茫。它们是那无尽的时间线，既是我们的忍耐之源，又是愈合之途。它如同黑夜中的明灯，引导我们在未知的世界中寻找方向，即使我们还未能触摸到希望的形状。

12.4

不管发生什么事，音乐是绝对不能放弃的。因为在你跌落谷底的时候，只有音乐能为你遮风避雨，让你忘记那些伤心事。

——[美国]尼克·卡斯特尔

在东方，《黄帝内经》2000年前就提出了“五音疗疾”。在西方，古埃及有“音乐为人类灵魂妙药”的记载，古希腊、古罗马的历史著作也曾有过记述。汉字“药”的繁体是“藥”，是从音乐的“乐”（繁体为“樂”）字而来，音乐最初的主要功效，就是疗愈。用音乐疗愈，有正向，也有反向。比如，以忧伤的乐曲带走悲伤，使音乐与情绪同步，辅助宣泄过多的不良情绪，或以快节奏的音乐发泄过度兴奋的情绪。有时可以让情绪亢奋者听平和忧伤的乐曲，以达到安抚情绪的作用。

12.5

在印度的村庄待了7个月后再回到美国，我看到了西方世界的疯狂以及理性思维的局限。如果你坐下来静静观察，你会发现自己的心灵有多焦躁。如果你想平静下来，那情况只会更糟，但是时间久了之后总会平静下来。心里就会有空间让你聆听更加微妙的东西——这时候你的直觉就开始发展，你看事情会更加透彻，也更能感受现实的环境。你的心灵逐渐平静下来，你的视界会极大地延伸。

——[美国]史蒂夫·乔布斯

静坐不必削发为僧尼，远离红尘俗世，因为生活中原已有很多与静坐所能达到的效果相同的其他方式。例如，读书、写作、弹钢琴或听音乐、散步，此外还有如收纳、做家务甚至钓鱼等活动。不少人已经找到了可达静坐境界的方式和时间，在不知不觉中疗愈了自己的情绪。

12.6

一个人无论怎样厌弃，自杀不是开悟的办法。不管德行多高，自杀的人想要达到的圣境也是遥远的。

——[日本]川端康成

莫泊桑的《一生》中的一句话或许可以做最好的注解："生活不可能像你想象的那么好，但也不会像你想象的那么糟。我觉得人的脆弱和坚强都超乎自己的想象。有时，我可能脆弱得一句话就泪流满面；有时，也发现自己咬着牙走了很长的路。"

12.7

人与人之间情断义绝，并不需要什么具体的理由。就算表面上有，也很可能只是心已经离开的结果，事后才编造出的借口而已。因为倘若心没有离开，当将会导致关系破裂的事态发生时，理应有人努力去挽救。如果没有，说明其实关系早已破裂。

——[日本] 东野圭吾

12.8

有些人朴实无华，有些人光芒万丈，有些人金玉在外而败絮其中。但是，有一天你会遇到一个彩虹般绚丽的人，当你遇到这个人以后，别人对你来说不过是浮云而已。

——[美国] 罗伯・莱纳

12.9

人在做重大抉择时，面对的不光有积极向前的感觉。通常既有挑战向前的“勇气”，还有“想要逃离”的消极情绪，这都是正常现象。换言之，“逃离”也是改变人生的原动力之一。无论是积极还是消极，最重要的是“自己主动做出抉择”，然后要为自己决定的结果负责。

——[日本]中村恒子、奥田弘美

12.10

我不记得那是何年何月的事情了。我只知道记忆与我同在，将美好的往事完美地浓缩起来，如同一笔浓墨重彩，涂抹在我们那已经变得灰白单调的生活画布上。

——[美国]卡勒德·胡赛尼

哲学家们对自我进行了分类，即经验自我与纯粹自我。这种区分有助于理解人类存在的多样性与复杂性。

经验自我是个体通过感官和感知获得的所有经验，包括身体、思想、情感和记忆，这些经验让我们成为独一无二的个体。经验自我是个人历史的见证者，也是我们当前经验的感受者。它通过不断将自身与我们周围的世界进行比较来构建我们独特的身份和自我意识。

纯粹自我是更加本质的存在，它知晓一切，包括自我本身，它是主动自我，能够思考、感知、选择和创造。纯粹自我是意识的深层次结构，是自由意志的源泉，推动我们向着理想和目标前进。

在追求理解和把握自我的道路上，我们需要不断地探索和认识这两种自我，从而实现个体内在的和谐与平衡。

12.11

陌上花开，可缓缓归矣。

——五代十国·钱镠

一则电视广告说：人生就像一次旅行，不必在乎目的地，在乎的是沿途的风景，以及看风景的心情。让心灵去旅行，人生的妙处，在于将至未至，在了解与不了解之间，那一步无比接近快乐。

12.12

莫春者，春服既成，冠者五六人，童子六七人，浴乎沂，风乎舞雩，咏而归。

——春秋·曾皙

快乐是大自然赋予人的生来就具备的能力和权利。然而，我们往往不敢冒险追求快乐。

有一次，孔子和他的四个学生闲聊，让他们谈谈自己的志向。其中三人分别表示想做军事家、经济学家和外交家。只有曾皙说，他的理想是在暮春三月，轻装出发，约了若干大小朋友，到河里洗澡，在林下乘凉，一路唱歌回来。

孔子听罢，喟然叹曰："我和曾皙想的一样。"意思是，他的终极理想，也是要做一个快快乐乐的人。

很奇怪吧，快乐竟然成为很多人不敢主张的事情？有些怀疑快乐的人，会认为快乐不可靠；有些人似乎公然憎恨快乐，一有机会便加以践踏。任何人只要发挥自己快乐的能力，行使自己快乐的权利，就可以拥有快乐，就可以享受快乐。

12.13

人的一切痛苦，本质上都源于对自己的无能的愤怒。

——王小波

12.14

可以不在乎，才能对别人在乎。

——林夕

在《被讨厌的勇气》里，作者认为，你现在无法体会到幸福，因为你不会爱你自己。而且，为了能够爱自己，你希望“变成别人”。你之所以想要变成别人，就是因为你只一味关注着“被给予了什么”。其实，你应该把注意力放在“如何利用被给予的东西”上。

12.15

我们总喜欢给自己找很多理由去解释自己的懦弱，总是自欺欺人地去相信那些美丽的谎言，总是去掩饰自己内心的恐惧，总是去逃避自己犯下的罪行。但事实总是，有一天，我们不得不坦然面对那些罪恶，给自己心灵予救赎。

——[美国] 卡勒德·胡赛尼

12.16

为了钱而工作，并不是可耻的事情，这是理所当然的事，我认为是非常了不起的。有些工作不需要直接赚钱，但可以为上班的丈夫或者妻子提供帮助，替他们照顾孩子和家人，这也是十分重要的工作。

——[日本]中村恒子、奥田弘美

12.17

大多数人只肯相信自己要相信的，不愿去了解真正的事情到底如何。

——[巴西]保罗·科埃略

12.18

你是什么，世界就是什么，所以你的问题就是世界的问题。你和我才是问题，而不是世界，因为世界是我们自己的投射，而要了解世界我们就必须要了解我们自己。

——[印度]吉杜·克里希那穆提

12.19

“有时候，我希望我能一觉睡到18岁，躲过那没用的高中，还有其他的一切，统统躲过。”

“所以，如果你一觉睡到18岁的话，想想你该错过多少痛苦啊。我说，高中可是大好的痛苦时光，你再也找不到更难忍受的日子了。”

——[美国]迈克尔·阿姆特

躲藏是活下去的方法，让我们能撑住自己，等准备好再走到天光下。躲藏是在自然界随处可见的绝佳本事：在冰天雪地中以静谧形成保护，夏日的玫瑰缩着枝丫蓄势待发，冬眠的野熊护着胸中脉搏。躲藏是被低估的。我们藏在母亲的子宫里，等准备好再呱呱坠地，如果太早来到世上，就得立刻接受医护人员的照顾。

12.20

如我们能渡过危险，它对我们勇气的提升大于任何事情。

——[美国]尼布尔

英王乔治五世在白金汉宫的图书室挂着这句话：“请教导我不要凭空妄想，或做无谓的怨叹。”

叔本华说，逆来顺受是人生的必修课程。

逆来顺受，常用来批评那些甘受命运摆布的人。但在一个祸福相倚的世界，如果你能以平静的心态接受逆境，你才能接受、解决、放下，用积极的力量享受当下，创造顺境。

12.21

千万别让其他人告诉你，你成不了才，即便是我也不行。如果你有梦想的话，就要去捍卫它。当人们做不到一些事情的时候，他们就会对你说，你也同样做不到。如果你有理想的话，就要去努力实现。就这样。

——[美国]斯蒂夫·康拉德

12.22

羞耻感是别人口中关于你的谎言。

——[西班牙]阿娜伊斯·宁

12.23

我现在知道，愤怒和憎恶让你在原有轨迹上停下来。它并不需要什么燃料，仅是把空气和生活吞噬、浸没……但它是真实的。它会改变你，塑造你，把你打造成不同于原本的样子。

——[美国]麦克·宾德尔

12.24

以现有资源，于现处之地，尽力而为。

——佚名

新年是一个立目标的时机。每当岁末年初，总会有人开列“战胜自己”的清单，相信他们可以战胜困难，实现梦想，达成未完成的目标。

我们不知从何时学会苛责自己，让完美主义统治我们的心灵，失去了接纳自我的温柔。人生原本没那么复杂。

如何才能立下一个可以实现的目标？那就是“以现有资源，于现处之地，尽力而为”！如此简单务实的原则，可帮助我们远离不切实际的自我苛求。

12.25

有人肯倾听烦恼就已经很感激了——很多人不都会有这种感受吗？这个人的苦恼没法向周围人倾诉，所以很痛苦，就算我们给不了什么好建议，回上一句“你的苦恼我已经明白了，请继续努力”，他也会多少得到点安慰吧？

——[日本]东野圭吾

12.26

羞耻是灵魂的疾病。它是自我体会到的、关于自我的一种最令人心碎的体验。羞耻是我们体内感受到的伤口，它把我们和自己分开，同时也把我们与他人分开。

——[美国]格森·考夫曼

心理学家发现，童年时“当众误解和打击”给人带来的不仅是委屈，还有羞耻感。而羞耻感会慢慢内化为一种对自己的负面评价，影响成年后的人格和人际关系。

羞耻感的核心是很糟糕的自我感觉、很低的自尊。《天才捕手》里那个桀骜不驯天资聪慧的威尔，童年遭受虐待未曾对朋友们说起，他的羞耻感内化，拥有数学天赋却甘愿当清洁工，当小混混。摆脱羞耻感，离不开自我悲悯、自我宽恕、自我理解、自我接纳、自我关爱和自我鼓励。让你的“内在父母”拥抱“内在小孩”，理解、接纳、关爱、鼓励那个在童年受过创伤的内在小孩。

12.27

最困难的时候，也就是离成功不远的时候。

——[法国] 拿破仑·波拿巴

莎士比亚曾说：“世上本无好和坏，思想使然。”

我们置身的世界充满了矛盾与对立，我们习惯性地将万物割裂为两个极端——好与坏。然而，这并非事物的真实面貌。事物的本质是中性的，没有绝对的黑与白，是我们的思想为其贴上了各种色彩和意义。

12.28

梦想只要能持久，就能成为现实。我们不就是生活在梦想中的吗？

——[英国] 阿尔弗雷德·丁尼生

12.29

如果被权力、地位、名誉之类的东西紧紧束缚住，在工作中一味地在意别人的眼光，很快就会疲于应对。要是这般勉强度过几十年，迟早会被工作击垮。其实，每个人都没有必要对工作期待过高。新员工也好，老员工也好，对于上司安排给你的工作，不要想太多，先试着去做。

——[日本]中村恒子、奥田弘美

12.30

长日尽处，

我站在你的面前，

你将看到我的伤痕，

知道我曾经受伤，

也曾经痊愈。

——[印度]拉宾德拉纳特·泰戈尔

12.31

在不幸的反面寻找幸福。

——[日本]渡边和子

这是一个渡边和子在美国学习时听闻的故事。某个修道院烤箱设备陈旧，吐司总是被烤煳，所以那些焦黑的吐司还是被端到食堂去。取餐时大家都遵守规则，每个人从上面拿一片吐司，然后把盘子递给后面的人。一个修道者说："又烤黑了？"他一脸的不高兴，拿了自己的那份吐司，就把盘子递给了下一个人。下一个修道者果然也拿了一片焦黑的吐司，放到自己的盘子里，但是他把吐司翻了过来。"啊，只有一侧被烤焦，真是太好了，十分感谢。"他如此说道。幸福，永远都是由自己的心决定的。成熟的人，是有着不动摇的信念的人，不会被他人的态度所左右，独立思考并行动。

境随心转。世界只有一个，但我们却可以通过自己的抉择，活出两种不同的世界：你可以活出一个"地狱般的天堂"，也可以活出一个"天堂般的地狱"。